潘晓彦 / 主编

体质与食养

如何选择药食两用物品

全国百佳图书出版单位
中国中医药出版社
·北 京·

图书在版编目（CIP）数据

体质与食养：如何选择药食两用物品 / 潘晓彦主编 . —
北京：中国中医药出版社，2022.12（2023.12 重印）
ISBN 978-7-5132-4576-0

Ⅰ. ①体… Ⅱ. ①潘… Ⅲ. ①保健食品—介绍
Ⅳ. ① TS218

中国版本图书馆 CIP 数据核字（2022）第 186987 号

中国中医药出版社出版
北京经济技术开发区科创十三街 31 号院二区 8 号楼
邮政编码 100176
传真 010-64405721
三河市同力彩印有限公司印刷
各地新华书店经销

开本 880 × 1230 1/32 印张 12.25 字数 259 千字
2022 年 12 月第 1 版 2023 年 12 月第 2 次印刷
书号 ISBN 978 – 7 – 5132 – 4576 – 0

定价 68.00 元
网址 www.cptcm.com

服务热线 010-64405510
购书热线 010-89535836
维权打假 010-64405753

微信服务号 zgzyycbs
微商城网址 https://kdt.im/LIdUGr
官方微博 http://e.weibo.com/cptcm
天猫旗舰店网址 https://zgzyycbs.tmall.com

如有印装质量问题请与本社出版部联系（010-64405510）

《体质与食养》
编 委 会

主　编

潘晓彦

副主编

彭丽丽　李晓屏

编　委

（按姓氏笔画排序）

王　敏　邓思琪　邓婷婷　皮海燕
刘　婷　李　芳　李少江　杨娅萍
肖梓潍　欧阳小双　袁明珠

前 言

面对琳琅满目的保健物品，普通民众不知道如何选择，研究表明，长期服用一些营养保健物品不但不能起到预防疾病的作用，反而会增加死亡风险。因而，如何科学选择保健物品成为民众的普遍需求。

我国政府也注意到了保健物品的乱象，为进一步规范保健物品原料管理，2002 年，卫生部（现中华人民共和国国家卫生健康委员会）将常见的物品分类，印发了《既是食品又是药品的物品名单》《可用于保健食品的物品名单》和《保健食品禁用物品名单》，并不断修订，但这些保健物品并不适合所有中老年人食用。

很多人认为只要是药食两用物品，就可以放心吃。“适其性者为补”，因此，中老年人选择保健物品前，首先要知晓自己的体质，然后根据体质正确选择保健物品，才能做到“精准保健”。

社会需要可供中老年人快速体质辨别及根据体质检索保健物品的相应指南。可是，目前没有便利的指导措施，也未见针对不同体质中老年人选择保健物品特别是选择药食两用物品的饮食书籍。

因此，我们编写此书的编写思路为：如何根据评定量表辨别中老年人体质；介绍常用药食两用保健物品性能、作用和适用的体质；根据中老年人体质类型提示可供选择的药食两用保健物品；根据体质从数据库中选择合适的药食两用保健物品；常用药膳如何制作。本书为中老年人辨别自身体质、选择保健物品提供方便，达到科学精准的饮食养生目的。

本书适合普通民众和中医爱好者阅读，特别对中老年人如何选购药食两用物品作为保健品原材料有指导作用，可以作为中老年人选购天然食品的参考书。

本书得到教育部人文社科规划基金项目资助。图片得到湖南中医药大学凌智老师的友情赞助，特致谢意！

编者

2022年5月

目录

CONTENTS

第一章 中老年人食养的困惑

随着年龄的增长，人体机能慢慢退化，免疫力下降，各种病痛随之而来，怎么办？保健养生是减缓衰老的一种最常见方法，如何保健养生成为中老年朋友非常关注的重要问题！

民以食为天，病从口入，饮食与人的健康息息相关，随着生活水平的提高，人们也越来越重视食补，“如何食补”成为中老年人每天面临的问题。

本书为不同体质中老年人选择适合自己的药食两用物品提供指南，告知你如何根据自身体质选择药食两用物品。

第一节　中老年人食养现状

一、补还是不补

一些中老年人听说粗茶淡饭能长寿，为此，他们对自己是否需要食补感到困惑。元代名医朱丹溪曰：“人生至六十、七十以后，精血俱耗。”唐代孙思邈认为“凡欲治疗，先以食疗，既食疗不愈，然后命药”，可见食疗的重要性，因此适当食养是必要的。

我国自古以来就有“药食同源”的说法，《神农本草经》记载的枸杞子、芝麻、葡萄、蜂蜜、山药、芡实、核桃、龙眼、百合、赤小豆、葱白等都是具有药性的食物，常作为配制药膳的原料。汉代张仲景在《伤寒杂病论》中应用药膳如百合鸡子汤、当归生姜牛肉汤、猪肤汤等治疗多种病症。古人总结了丰富的中医食疗养生方式，许多药膳今天仍广受欢迎。

乾隆皇帝就喜欢用中草药养生，乾隆活到八十八岁，据说与他几乎每日服用人参有关，《上用人参底薄》记载：“自乾隆六十二年十二月初一始，至乾隆六十四年正月初三止，皇帝共进人参三百五十九次，四等人参三十七两九钱。”外国人觐见乾隆时“观其风神，年虽八十三岁，望之如六十许人，精神矍铄，可以凌驾少年；饮食之际，次序规则，严其肃，殊甚惊异”，可见，乾隆年迈时气色仍然非常好。

乾隆皇帝曾作《咏人参》，表达自己对人参的喜爱和赞同。

性温生处喜偏寒，一穗垂如天竺丹。

五叶三桠云吉拥，玉茎朱实露甘漙。

是不是所有人都适合使用人参？答案是否定的。

二、如何补

随着经济发展和人民保健意识增强，保健品行业蓬勃发展，保健乱象也随之层出不穷，例如市面上有些保健食品夸大产品功效；又如很多中老年人不究用补之道而滥补、乱补、蛮补。芬兰和美国的一项最新联合研究表明，长期服用一些营养保健物品不但不能起到预防疾病的作用，反而会增加死亡风险。

中老年人食补，还存在以下误区。

1. 上品药就是好补品

古人将中草药分为上品、中品和下品，上品药一般可以用于人体保健，《神农本草经》和《本草纲目》都有类似的表述，“上药养命以应天，无毒，多服、久服不伤人。欲轻身益气，不老延年者，本上经”。南朝名医陶弘景也说：“上品药性，亦能遣疾。但势力和厚，不为速效。岁月常服必获大益。”是否所有的上品药都适合中老年朋友保健呢？不是的，如性味甘、温，归肾、肺经的冬虫夏草，重在补肺肾之阳，为补肺肾阳虚之佳品，但不适合阴虚之人食用，阴虚体质的中老年人食用对身体有害无益。

2. 别人吃了好的自己吃了也好

《黄帝内经》曰：“适其性者为补。”中老年人选择保健物品前，首先要知晓自己的体质，然后根据体质正确选择保健物品，才能做到“精准保健”。有些物品既是食品又是药品，但并不是所有中老年人都适合。如龟甲、鳖甲适合阴虚体质中老年人食用；淫羊藿、菟丝子适合阳虚体质中老年人食用；而有些物品如蜂胶等，几种体质的人都可以食用。所以，吃什么好？如何选择？首先要了解自己的体质。

第二节　国家对保健食品的管理

一、国家对食品安全的管理

国家对食品安全非常重视，为防止食品污染和有害因素对人体的危害，保障人民身体健康，修订通过《中华人民共和国食品卫生法》，自1995年10月30日起施行。

1996年，颁发《保健食品监督管理办法》，保健食品正式纳入卫生部门审批，中国有多达数千种保健食品先后通过批准上市。

2009年，《中华人民共和国食品安全法》出台，《中华人民共和国食品卫生法》废止，并分别于2015年和2018年两次修订该法，在法律责任中加大对食品卫生不法行为的处罚力度，从而提高食品卫生违法行为的成本。

2019年12月1日起施行了《中华人民共和国食品安全法实施条例》，保健食品开启备案模式。

二、国家对保健食品原料的管理

保健食品是当今消费市场颇受欢迎的“好东西”，但并不是所有人群都适宜食用保健食品，更不是所有“好东西”都可以进入保健食品之列。2018年修订的《中华人民共和国食品安全法》规定，生产经营的食品中不得添加药品，但是可以添加按照传统既是食品又是中药材的物品。

我国政府早注意到了保健物品的乱象，为进一步规范保健物品原料管理，2002年，卫生部将常见的物品分类，首次将可用于保健食品的物品名单和禁用物品名单公之于众。印发了《既是食品又是药品的物品名单》《可用于保健食品的物品名单》和《保健食品禁用物品名单》，并不断修订。根据规定，申报保健食品中含有动植物物品或原料的，动植物物品或原料总个数不得超过14个，如使用既是食品又是药品的物品名单之外的动植物物品或原料，个数不得超过4个；使用既是食品又是药品的物品名单和可用于保健食品的物品名单之外的动植物物品或原料，个数不得超过1个，且要按有关要求进行安全性毒理学评价。

第二章 中老年人体质

第一节　体质与养生

有些人每天吃辛辣之品，皮肤照样好，有些人吃点辣椒就便秘，脸上长痘痘，这是因为体质不同。《辞海》将体质定义为“人体在遗传性和获得性基础上表现出来的功能和形态上相对稳定的固有特性”。《灵枢·寿夭刚柔》曰：“人之生也，有刚有柔，有弱有强，有短有长，有阴有阳”“形有缓急，气有盛衰，骨有大小，肉有坚脆，皮有厚薄。”说明人的体质生而不同，各有差异。体质现象作为人类生命活动的一种重要表现形式，与中老年人的健康、生活、疾病乃至生活中的宜忌都有着密不可分的关系。

一、禀性不同，体质各异

（一）年龄不同，体质不同

生命过程中生、长、壮、老、已各个阶段，无论从功能或形态上，均表现各异。小儿为稚阴稚阳之体，五脏六腑成而未全，全而未壮，易虚易实，神气怯弱，肝易实而脾易虚，脏腑清灵，患病易趋康复。青壮年时期，机体各方面均处于一生中的最佳状态，《素问 · 上古天真论》中认为女子“三七，肾气平均，故真牙生而长极。四七，筋骨坚，发长极，身体盛壮”；男子“三八，肾气平均，筋骨劲强，故真牙生而长极。四八，筋骨隆盛，肌肉满壮”。《灵枢 · 天年》云：“五十岁，肝气始衰，肝叶始薄，胆汁始减，目始不明。”可见，少年气血未充，青年气血充盛，老年气血衰弱。

（二）性别不同，体质不同

男性一般代谢旺盛，肺活量大，在血压、基础代谢、能量消耗等方面高于女性，身体较女性强壮，患病后病情反应比女性激烈。而女性免疫功能较强，基础代谢率较低，虽然体质较弱，但可能寿命较长。有研究表明，男性痰、湿、热等体质较多，女性虚、瘀等体质较多。

二、国内外体质分类观

（一）国内常见体质分类法

1.《黄帝内经》体质分类法

《黄帝内经》是最早较全面论述体质的，其体质的分类方法众多，有按五行归属分类、阴阳成分分类、形态功能特征分类或心理情志表现分类等。

（1）阴阳五行分类

《黄帝内经》根据人的体形、肤色、认识能力、情感反应、意志强弱、性格静躁，以及对季节气候的适应能力等方面的差异，将人的体质分为木、火、土、金、水五大类型。又以五音的阴阳属性及左右上下等各分出五类，将每一类型再分为五类，共为二十五型，统称“阴阳二十五人”。

（2）阴阳太少分类

《灵枢·通天》根据人体先天禀赋的阴阳之气的多少，把人分为太阴之人、少阴之人、太阳之人、少阳之人和阴阳和平之人五种类型。

（3）禀性勇怯分类

《灵枢·论勇》根据人体脏气强弱等，把体质分为两类：勇敢之人和怯弱之人。

（4）体型肥瘦分类

《灵枢·逆顺肥瘦》将人分为肥人、瘦人、肥瘦适中人三类。《灵枢·卫气失常》又将肥人分为膏型、指型、肉型三种，并对每一类型人生理上的差别、气血多少、体质强弱皆做了比较细致的描述。并且认为老年人形体肥胖者较多，这是最早的关于老年人体质的分型方法。

2.古代医家体质分类观点

中医名家张仲景、朱丹溪、张景岳和叶天士等对中医体质学说进行了补充和发展，但基本未突破《黄帝内经》的理论框架。医圣张仲景将个人体质分为平人、肥瘦人、诸家及病后体质。“体质”一词最早见于《景岳全书》，但书中并未形成统一的规范，有时将“体质”称为“禀赋”“气质”或“形质”等。“体质”作为表达个体特征的专有名词始于叶天士，其撰写的《临证指南医案》提出“体质”一词达五十余处。叶天士借鉴《黄帝内经》体质分类模型，遵循《素问·阴阳应象大论篇》“阴阳者，天地之道也”的指导思想，将体质归纳为阴阳两类。叶天士将“木火体质”“水土体质”“阴虚体质”“阳虚体质”等进行分类，分析了不同体质的特点、病因、发病倾向等，为中医体质分型提供了参考雏形。

3.现代医家体质分类观点

20世纪70年代以来，国内日益注重对体质学的研究，王琦、盛增秀等提出了“中医体质学说”的概念。王琦对中国人群体质个体差异现象进行了定义性的表述，形成体质、体质学、九种体质等基本概念。提出“体质可分”“体病相关”“体质可调”三个基本命题，提出“生命过程论”“形神构成论”“环境制约论”“禀赋遗传论”四个基本原理，提出体质形成、体质分类、体质演变和体质的发病四个基本规律，由此构建了中医体质学的理论体系。王琦1982年出版了《中医体质学说》，将体质分为平和质（A型）、气虚质（B型）、阳虚质（C型）、阴虚质（D型）、痰湿质（E型）、湿热质（F型）、血瘀质（G型）、气郁质（H型）和特禀质（I型）九种，奠定了中医体质学研究的理论与实践基础，正式确立这一学说。匡调元提出“体质养生”，指出“体质养生学”应包括养生学在内，正式从体质学的角度重视养生。

（二）国外主要体质分类法

古希腊希波克拉底的“体液说”根据人体内血液、黏液、黄胆汁和胆汁四种体液的多少作为分类依据。德国克瑞都麦氏提出“体型说”。德国康德“血质说”将人群根据血液质量不同划分冷血质、轻血质、多血质和忧郁质四型。1970年，Damon研究了体质在不同领域的含义，并提出了“体质医学”的新命题。

三、养生要顾及体质

（一）患病与偏颇体质相关

偏颇体质是亚健康状态转换的重要危险因素，更容易增加疾病的风险。代谢综合征患者中，痰湿质、气虚质和湿热质分布最为广泛。通过基因组DNA检测及生理、生化指标检测发现，痰湿体质具有代谢紊乱的总体特征，如血脂代谢紊乱、糖代谢障碍及嘌呤类代谢障碍。有研究者发现气郁质、阴虚质在头痛患者中最为常见，得出头痛的发生与体质有关的结论。有人对支气管哮喘患者进行中医体质分型，结果显示，阳虚质、特禀质、气虚质、痰湿质在支气管哮喘患者中最为常见，尤其特禀质所占比例最大，提示特禀质与支气管哮喘发病的相关性最大。

（二）调理体质是养生的一种重要手段。

中老年人一般是偏颇体质，偏颇体质决定着个体对某些疾病的易患性和疾病的转归和方向，如研究发现痰湿体质与高脂血症、高血压病、冠心病、糖尿病、代谢综合征密切相关，因此，调理偏颇体质显得格外重要。

第二节　九种体质学说

2009年王琦创立的中医体质辨识法被纳入《国家基本公共卫生服务规范》，2013年中医体质辨识法被纳入国家基本公共卫生服务项目《中医药健康管理服务技术规范》。中华中医药学会以王琦的九分法为框架，编制中医体质量表，发布了《中医体质分类与判定》。

一、体质可辨

九种中医体质分别为平和质、气虚质、阳虚质、阴虚质、痰湿质、湿热质、血瘀质、气郁质和特禀质。

（一）平和质

体质特征：精力充沛，体型匀称健壮，体态适中；面色、肤色润泽，头发稠密有光泽，目光有神，鼻色明润，嗅觉通利，唇色红润；睡眠好，胃纳佳，二便正常；舌色淡红，苔薄白，脉和有神气；性格随和开朗；耐受寒热；平素患病较少，对自然与社会环境适应力较强。

体质分析：因先天禀赋好且后天调养得当，故其神色、形态、局部特征等方面表现良好，性格随和开朗，对外界环境适应能力较强。

（二）气虚质

体质特征：精神不振，肌肉不健壮，易疲乏，汗出；平素语音低怯，气短懒言，或头晕，健忘，面色偏黄或白，目光少神，口淡，唇色少华，毛发不华；大便正常，或有便秘但不干结，或大便不成形，便后仍觉未尽，小便正常或偏多；舌淡红，舌体胖大边有齿痕，脉虚缓；性格内向，情绪不稳定，不喜欢冒险；不耐受风、寒、暑等邪气；平素体质虚弱，易感冒，或病后抗病能力弱，易迁延不愈，易患内脏下垂、虚劳等。

体质分析：多因先天本弱、后天失养或病后气亏，如家族成员多数体质较弱、孕育时父母体弱、或早产、人工喂养不当、偏食、厌食，或年老气衰等而成。因一身之气不足，脏腑功能衰退，故见精神不振，气短懒言，语音低怯，目光少神；气虚不能推动营血上荣，则头晕，健忘，唇色少华，舌淡红；卫气虚弱，不能固护肤表，故易出汗；脾气亏虚，则口淡，肌肉松软，肢体疲乏，大便不成形，便后仍觉未尽；气血生化乏源，机体失养，则面色萎黄，毛发不泽；气虚推动无力，则便秘而不结硬；气化无权，水津直趋膀胱，则小便偏多；气虚阳弱故性格内向，情绪不稳定，胆小不喜欢冒险；气虚卫外失固，故不耐受寒邪、风邪、暑邪，易患感冒；气虚升举无力故多见内脏下垂、虚劳，或病后迁延不愈。

（三）阳虚质

体质特征：精神不振，平素畏冷，手足不温，形体白胖，肌肉不壮；面色苍白，目胞晦暗浮肿，口唇色淡，毛发易落，易出汗，大便溏薄，小便清长；喜热饮食，睡眠偏多；舌淡胖嫩边有齿痕、苔润，脉沉迟而弱；性格多沉静、内向；发病多为寒证，或从寒化，易患痰饮、肿胀、泄泻、阳痿等，不耐受寒、湿之邪，耐夏不耐冬。

体质分析：多因先天不足，或病后阳虚，如家族人员体偏虚寒，孕育时父母体弱、或年长受孕、或早产、或平素偏嗜寒凉损伤阳气、或年老阳衰等而致。因阳气亏虚，机体缺失温煦，故形体白胖，肌肉松软，平素畏冷，手足不温，面色苍白，目胞晦暗，口唇色淡；阳虚神失温养，则精神不振，睡眠偏多；阳气亏虚，肌腠不固，则毛发易落，易出汗；阳气不能蒸腾、气化水液，则见大便溏薄，小便清长，舌淡胖嫩边有齿痕，苔润；阳虚水湿不化，则口淡不渴；阳虚不能温化和蒸腾津液上承，则喜热饮食；阳虚鼓动无力，则脉象沉迟。阳虚阴盛故性格沉静、内向，发病多为寒证，或从寒化，不耐受寒邪，耐夏不耐冬；阳虚失于温化故易感湿邪，易病痰饮、肿胀、泄泻；阳虚易致阳弱则多见阳痿。

（四）阴虚质

体质特征：体内津液、精血等亏少，以阴虚内热为主要特征。体型瘦长，手足心热；口、鼻、咽易干燥，口渴喜冷饮，面潮红、有烘热感，目干涩，视物花，唇红微干，皮肤偏干易生皱纹，眩晕耳鸣，睡眠差；大便干，小便短涩；舌红少津少苔，脉弦细或数；性情急躁，外向好动；平素易患阴亏燥热病变，病后易表现为阴亏；平素不耐燥、热之邪，耐冬不耐夏。

体质分析：多因先天不足，或久病失血，纵欲耗精，积劳伤阴等原因，或孕育时父母体弱、或年长受孕、或早产，或曾患出血性疾病等。阴液亏少，机体缺失濡润滋养，故体型瘦长，平素易口燥咽干，鼻微干，大便干燥，小便短，眩晕耳鸣，两目干涩，视物模糊，皮肤偏干，易生皱纹，舌少津少苔，脉细；同时由于阴不制阳，阳热之气相对偏旺而生内热，故表现为虚火内扰的证候，可见手足心热，口渴喜冷饮，面色潮红，有烘热感，唇红微干，睡眠差，舌红脉数等。阴亏燥热内盛故性情急躁，外向好动，活泼；阴虚失于滋润，故平素易患有阴亏燥热的病变，或病后易表现为阴亏症状，平素不耐热邪、燥邪，耐冬不耐夏。

（五）痰湿质

体质特征：体型肥胖、腹部松软肥满，身重不爽；面部皮肤油脂较多，多汗且黏，胸闷，痰多；或面色淡黄而黯，眼胞微浮，易困倦，喜食肥甘甜黏；大便正常或不实，小便不多或微混；平素舌体胖大，口黏腻或甜，舌苔白腻，脉滑；性格偏温和，稳重恭谦，善于忍耐；易患消渴、中风、胸痹等证；对梅雨季节及潮湿环境适应力差。

体质分析：多为先天遗传，或后天过食肥甘而成。表现为水液内停而痰湿凝聚，以黏滞重浊为主要特征的体质状态。痰湿泛于肌肤，则见体型肥胖，腹部肥满松软，面色黄胖而黯，眼胞微浮，面部皮肤油脂较多，多汗且黏；“肺为贮痰之器”，痰浊停肺，肺失宣降，则胸闷，痰多；“脾为生痰之源”，故痰湿质者多喜食肥甘；痰湿困脾，阻滞气机，困遏清阳，则容易困倦，身重不爽；痰浊上泛于口，则口黏腻或甜；脾湿内阻，运化失健则大便不实，小便微混；水湿不运，则小便不多；舌体胖大，舌苔白腻，脉滑，为痰湿内阻之象；痰湿内盛，阳气内困，不易升发，故性格偏温和，多善于忍耐；痰湿内阻易患消渴（含糖尿病）、中风、胸痹等病证；痰湿内盛，同气相求，对梅雨季节及潮湿环境适应能力差，易患湿证。

（六）湿热质

体质特征：形体偏胖或苍瘦，身重困倦；平素面垢油光，易生痤疮、粉刺，易口苦、口干；心烦懈怠，眼睛红赤；大便燥结或黏滞，小便短赤；舌质偏红，苔黄腻，脉象多见滑数；性格多急躁易怒；男易阴囊潮湿，女易带下增多；易患疮疖、黄疸、火热等证。这种体质较难适应湿度大或气温偏高、湿热交蒸的气候，如夏末秋初时期。

体质分析：以湿热内蕴为主要特征，多因先天禀赋，或久居湿地、或善食肥甘、或长期饮酒，火热内蕴而成。湿热泛于肌肤，则见形体偏胖，平素面垢油光，易生痤疮、粉刺；湿热郁蒸，胆气上溢，则口苦、口干；湿热内阻，阳气被遏，则身重困倦；热灼血络，则眼睛红赤。热重于湿，则大便燥结；湿重于热，则大便黏滞。湿热循肝经下注，则阴囊潮湿，或带下量多。小便短赤，舌质偏红，苔黄腻，脉象滑数，为湿热内蕴之象。湿热郁于肝胆则性格急躁易怒，易患黄疸、火热等病证；湿热郁于肌肤则易患疮疖；湿热内盛之体，对湿环境或气温偏高，尤其夏末秋初之湿热交蒸气候较难适应。

（七）血瘀质

体质特征：体型多瘦；面色晦暗，皮肤偏黯或色素沉着，容易出现瘀斑，易患疼痛，口唇黯淡或青紫，或眼眶黯黑，鼻部黯滞，发易脱落，肌肤干，女性多见痛经、闭经，或经色紫黑，夹有血块，或有崩漏、出血倾向；舌质黯有瘀点、瘀斑，舌下静脉曲张，脉细涩或结代；性格急躁健忘；易患出血、癥瘕、中风、胸痹等证；不耐受风、寒邪气。

体质分析：表现为体内有血液运行不畅的潜在倾向或瘀血内阻的病理基础。多因先天禀赋或后天损伤，忧郁气滞，久病入络等而成。血行不畅，气血不能濡养机体，则形体消瘦，发易脱落，肌肤干或甲错；不通则痛，故易患疼痛，女性多见痛经；血行瘀滞，则血色变紫变黑，故见面色晦暗，皮肤偏黯，口唇黯淡或紫，眼眶黯黑，鼻部黯滞；脉络瘀阻，则见皮肤色素沉着，容易出现瘀斑，妇女闭经；舌质黯，有点、片状瘀斑，舌下静脉曲张，脉象细涩或结代；血液瘀积不散而凝结成块，则见经色紫黑有块；血不循经而逸出脉外，则见崩漏。瘀血内阻，气血不畅故性格内郁，心情不快易烦，急躁健忘，不耐受风邪、寒邪；瘀血内阻，血不循经，外溢易患出血、中风；瘀血内阻则易患癥瘕、胸痹等病。

（八）气郁质

体质特征：以性格内向、忧郁脆弱、敏感多疑为主要表现。形体多瘦，平素精神抑郁，多烦闷不乐；性格内向不稳定、忧郁脆弱、敏感多疑，对精神刺激适应力差；或胸胁胀满，走窜疼痛，喜太息，或嗳气呃逆，咽有异物，乳房胀痛，睡眠差，食欲减退，惊悸怔忡，健忘，痰多；大便多干，小便正常；舌淡红，苔薄白，脉弦细；易患郁病、脏躁、百合病、不寐、梅核气等证；不喜阴雨天气。

体质分析：多由先天遗传，或后天精神刺激、暴受惊恐、所欲不遂或忧郁思虑等造成。肝喜条达而恶抑郁，长期情志不畅，肝失疏泄，故平素忧郁面貌，神情多烦闷不乐；气机郁滞，经气不利，故胸胁胀满，或走窜疼痛，多伴善太息，或乳房胀痛；肝气横逆犯胃，胃气上逆则见嗳气呃逆；肝气郁结，气不行津，津聚为痰，或气郁化火，灼津为痰，肝气夹痰循经上行，搏结于咽喉，可见咽间有异物感，痰多；气机郁滞，脾胃纳运失司，故见食欲减退；肝藏魂，心藏神，气郁化火，热扰神魂，则睡眠较差，惊悸怔忡，健忘；气郁化火，耗伤气阴，则形体消瘦，大便偏干；舌淡红，苔薄白，脉象弦细，为气郁之象。情志内郁不畅，故性格内向不稳定，忧郁脆弱，敏感多疑，易患郁病、脏躁、百合病、不寐、梅核气、惊恐等病证；对精神刺激适应能力较差，不喜欢阴雨天气。

（九）特禀质

体质特征：表现为特异性体质，一般无特殊体型，或有先天生理缺陷，或畸形；心理上因禀质异常而不同。过敏体质者易患花粉或药物过敏，遗传疾病可见血友病、先天痴呆等，易发“五迟”“五软”“解颅”等病证。对外界环境适应能力差，特别是过敏季节，易引发宿疾。

体质分析：多由于先天性和遗传因素造成体质缺陷，如先天性、遗传性疾病，过敏反应，原发性免疫缺陷等而致。由于先天禀赋不足、遗传或环境或药物等因素的不同，特禀质者的形体特征、心理特征、常见表现和发病倾向等方面存在诸多差异，病机各异。

二、体质可变

虽然遗传因素对体质的影响重大，体质形成后在一定时间内很难发生大的变化，但是，与体质形成有关的所有后天因素都可能影响体质的改变，后天环境如饮食起居、地理环境、季节变化及社会文化因素等对体质的形成和发展发挥着制约作用，长期的饮食习惯及相对固定的饮食结构可以通过脾胃运化影响脏腑气血功能，导致体质改变。

三、食疗可调

食疗通过食物来疗养机体，以达到养生和保健的目的。食疗养生是中医养生的一个重要方面，简便易行、操作性强、容易坚持。《养老奉亲书》说："若有疾患，且先详食医之法，审其疾状，以食疗治之，食疗未愈，然后命药，贵不伤其脏腑也。"针对不同体质人群，通过正确合理安排饮食，不仅能维持机体健康、预防疾病及维持生命活动，还可以调理体质以延年益寿。

长期的饮食习惯可以影响体质的形成与变化，病理性体质可用食物加以调整。有人对轻中度阴虚体质高血压病人进行食疗干预，发现能改善高血压阴虚体质。有人对痰湿体质高血压病人进行中医食疗研究，结果显示中医食疗不仅可以调理体质，而且可以有效控制血压，降低血脂。

人的年龄、形体、性别不同，体质也有较大差异，因而食疗的方案亦应不同。如气虚体质的人调理宜益气健脾，阴虚体质调理宜滋阴润燥，痰湿体质应健脾利湿、化痰祛湿，血瘀质则需活血散结行气。又如小儿脏腑娇嫩且为纯阳之体，不宜过食辛热；中老年人肝肾阴亏，不宜温燥。其次，不同体质人群食疗的烹饪剂型也应有针对性。

《饮膳正要》中曰："春气温，宜食麦以凉之；夏气热，宜食菽以寒之；秋气燥，宜食麻以润其燥；冬气寒，宜食黍以热性治其寒。"季节不同，饮食的选择也有所侧重。

所以，正确选择适合个人体质的食疗进行养生非常重要。

第三节　如何辨识你的体质

如何辨别体质？本书介绍两种方法。

一种是进入公众号根据提示检测，电脑端会自动给你打分出结果。公众号：中医体质与养生。

一种是根据量表自行辨别。中华中医药学会颁布和实施《中医体质评分与判定量表》，该量表由平和质、气虚质、阳虚质、阴虚质、痰湿质、湿热质、血瘀质、气郁质、特禀质9个亚量表构成，每个亚量表包含6～8个条目。各个条目是从"没有""偶尔""有时""经常""总是"选择合适的答案，各个条目是1～5分的5段计分法（详见附录B）。回答《中医体质分类与判定表》中的全部问题，每一问题按5级评分，计算原始分及转化分，依标准判定体质类型。

原始分：简单求和法。

转化分数=[(原始分-条目数)/(条目数×4)]×100。

平和质为正常体质，其他8种体质为偏颇体质。具体判定标准为：

(1)平和质转化分≥60分，且其他8种偏颇体质转化分＜30分时，判定为“是”；平和质转化分≥60分，且其他8中偏颇体质转化分＜40分时，判定为“基本是”；不满足上述条件者判定为否。

(2)偏颇体质转化分≥40分，判定为“是”；30~39分，判定为“倾向是”；＜30分判定为“否”。

为方便后续的统计分析，根据《中医体质分类与判定标准》将转化分数最高的一项作为该中老年人的偏颇体质类型。复合体质的判定采用雷达图(RadarChart)，是一种能对多变量资料进行综合分析的图形，适合在二维平面上直观、形象的反映多个指标的变动规律。复合体质判定的雷达图分析方法详见附录C。

第四节　你适合食用的保健物品

九种体质中，平和质人常规饮食，一般不需要刻意食用中药保健物品，其他体质类型可以食用的保健物品见下表。

表2-1 适合食用的物品

体质	适合食用的物品	
	药食两用中药	可用作保健物品的中药
气虚体质	丁香、山药、乌梅、木瓜、火麻仁、甘草、白果、白扁豆、白扁豆花、龙眼肉（桂圆）、百合、肉桂、余甘子、沙棘、芡实、赤小豆、阿胶、鸡内金、麦芽、大枣、酸枣、黑枣、砂仁、茯苓、桃仁、益智仁、莲子、黄精、葛根、黑芝麻、蜂蜜、橘皮、薄荷、覆盆子、当归	人参、人参叶、人参果、三七、川牛膝、马鹿胎、马鹿茸、马鹿骨、丹参、五味子、升麻、太子参、白术、白芍、红景天、补骨脂、诃子、远志、麦冬、制何首乌、刺玫果、泽兰、金樱子、柏子仁、绞股蓝、首乌藤、党参、淫羊藿、银杏叶、黄芪、蛤蚧、熟地黄、鳖甲
阳虚体质	丁香、八角茴香、刀豆、小茴香、山药、山楂、乌梢蛇、木瓜、甘草、白芷、白果、白扁豆、龙眼肉（桂圆）、肉豆蔻、肉桂、佛手、芡实、花椒、阿胶、大枣、生姜、干姜、茯苓、益智仁、莲子、高良姜、黄芥子、紫苏、紫苏子、黑芝麻、黑胡椒、蜂蜜、覆盆子、薤白、黄精、当归、山柰、草果	人参、人参果、三七、山茱萸、川牛膝、川芎、马鹿胎、马鹿茸、马鹿骨、五加皮、五味子、天麻、巴戟天、生何首乌、白术、白豆蔻、红花、吴茱萸、怀牛膝、杜仲、杜仲叶、沙苑子、苍术、补骨脂、远志、制何首乌、刺五加、刺玫果、玫瑰花、厚朴、厚朴花、姜黄、胡芦巴、荜茇、韭菜子、首乌藤、骨碎补、淫羊藿、菟丝子、黄芪、蛤蚧、蒺藜
阴虚体质	小蓟、山药、山楂、马齿苋、乌梅、火麻仁、代代花、玉竹、甘草、决明子、百合、余甘子、杏仁（甜、苦）、沙棘、牡蛎、阿胶、鸡内金、大枣、酸枣、黑枣、罗汉果、青果、鱼腥草、枳椇子、枸杞子、栀子、茯苓、桃仁、桑叶、桑椹、荷叶、淡竹叶、菊花、菊苣、黄精、葛根、黑芝麻、槐米、槐花、蒲公英、蜂蜜、酸枣仁、鲜白茅根、鲜芦根、薄荷、薤白	人参叶、大蓟、女贞子、山茱萸、川贝母、五味子、天冬、天麻、木贼、牛蒡子、牛蒡根、车前子、北沙参、平贝母、玄参、生地黄、白及、白芍、石决明、石斛（需提供可使用证明）、地骨皮、竹茹、西洋参、牡丹皮、芦荟、诃子、赤芍、麦冬、龟甲、侧柏叶、制大黄、泽泻、玫瑰茄、知母、罗布麻、苦丁茶、金荞麦、枳实、柏子仁、珍珠、绞股蓝、茜草、桑白皮、桑枝、浙贝母、益母草、积雪草、野菊花、湖北贝母、蒺藜、蜂胶、酸角、墨旱莲、熟大黄、熟地黄、鳖甲

续表

体质	适合食用的物品	
	药食两用中药	可用作保健物品的中药
气郁体质	丁香、八角茴香、刀豆、小茴香、山药、山楂、马齿苋、乌梢蛇、乌梅、木瓜、火麻仁、代代花、玉竹、白芷、白扁豆花、肉豆蔻、佛手、花椒、赤小豆、桑叶、麦芽、昆布、郁李仁、栀子、砂仁、香橼、香薷、橘红、桔梗、荷叶、莱菔子、黄芥子、淡豆豉、紫苏、紫苏籽、葛根、黑胡椒、槐花、蒲公英、蝮蛇、橘皮、薄荷、薤白、当归、山柰、西红花、草果	人参叶、三七、大蓟、川贝母、川芎、天麻、木香、牡丹皮、芦荟、苍术、诃子、远志、麦冬、佩兰、侧柏叶、刺五加、泽兰、玫瑰花、罗布麻、苦丁茶、青皮、厚朴、厚朴花、姜黄、枳壳、枳实、茜草、荜茇、韭菜子、香附、骨碎补、浙贝母、番泻叶、越橘、蒺藜
痰湿体质	丁香、八角茴香、刀豆、小茴香、山药、山楂、乌梢蛇、木瓜、火麻仁、代代花、白果、白扁豆、白扁豆花、肉桂、佛手、杏仁（甜、苦）、沙棘、芡实、麦芽、花椒、赤小豆、昆布、郁李仁、生姜、干姜、枳椇子、砂仁、胖大海、茯苓、香橼、香薷、桑叶、橘红、桔梗、益智仁、荷叶、莱菔子、莲子、淡豆豉、菊花、菊苣、黄芥子、紫苏、紫苏籽、黑胡椒、蝮蛇、橘皮、山柰、草果	人参叶、三七、土茯苓、大蓟、川牛膝、天麻、车前子、车前草、白术、白豆蔻、怀牛膝、芦荟、苍术、赤芍、远志、佩兰、侧柏叶、制大黄、刺五加、泽兰、罗布麻、苦丁茶、金荞麦、青皮、厚朴、厚朴花、枳壳、枳实、珍珠、绞股蓝、胡芦巴、荜茇、首乌藤、香附、桑白皮、桑枝、浙贝母、益母草、积雪草、淫羊藿、银杏叶、黄芪、湖北贝母、番泻叶、越橘、蒲黄、蒺藜、酸角、鳖甲
湿热体质	小蓟、山药、马齿苋、乌梢蛇、玉竹、白果、余甘子、白扁豆、白扁豆花、决明子、百合、牡蛎、余甘子、赤小豆、昆布、罗汉果、金银花、青果、鱼腥草、枳椇子、枸杞子、栀子、胖大海、茯苓、香薷、桑叶、桑椹、桔梗、荷叶、莲子、淡竹叶、淡豆豉、菊花、菊苣、葛根、槐米、槐花、蒲公英、鲜白茅根、鲜芦根、薄荷、薏苡仁、藿香	人参叶、三七、土茯苓、大蓟、升麻、牛蒡根、车前子、车前草、牡丹皮、芦荟、赤芍、佩兰、侧柏叶、制大黄、泽泻、玫瑰茄、知母、罗布麻、苦丁茶、金荞麦、青皮、厚朴、厚朴花、枳壳、枳实、柏子仁、珍珠、绞股蓝、茜草、桑白皮、桑枝、浙贝母、益母草、积雪草、野菊花、湖北贝母、番泻叶、越橘、槐实、蒲黄、蒺藜、酸角、墨旱莲、鳖甲

续表

体质	适合食用的物品	
	药食两用中药	可用作保健物品的中药
特禀体质	山药	人参
瘀血体质	丁香、八角茴香、刀豆、小茴香、小蓟、山药、山楂、马齿苋、乌梢蛇、乌梅、火麻仁、代代花、白芷、白扁豆花、白扁豆花、肉桂、沙棘、牡蛎、花椒、赤小豆、郁李仁、金银花、桃仁、荷叶、高良姜、黄芥子、蒲公英、蜂蜜、蝮蛇、当归、山柰、西红花	人参叶、大蓟、川牛膝、川芎、丹参、天麻、红花、红景天、怀牛膝、牡丹皮、芦荟、苍术、赤芍、远志、麦冬、制大黄、刺五加、刺玫果、泽兰、玫瑰花、玫瑰茄、罗布麻、苦丁茶、金荞麦、青皮、厚朴、姜黄、枳实、绞股蓝、茜草、韭菜子、首乌藤、香附、骨碎补、党参、浙贝母、益母草、积雪草、野菊花、银杏叶、黄芪、湖北贝母、蛤蚧、越橘、蒲黄、蒺藜、熟大黄、鳖甲
平和体质	无严格限制	无严格限制

第三章 国家认可的药食两用中药

2002年，公布《关于进一步规范保健食品原料管理的通知》，首次将可用于保健食品的物品名单和禁用物品名单公之于众，其中有87种药食两用物品；2019年新增6种，本章介绍这93种药食两用物品。

第一节　药食两用中药概述

一、药食两用中药

既是食品又是药品的物品名单，可以在普通食品中使用，86种药食两用物品如下：

丁香、八角茴香、刀豆、小茴香、小蓟、山药、山楂、马齿苋、乌梢蛇、乌梅、木瓜、火麻仁、代代花、玉竹、甘草、白芷、白果、白扁豆、白扁豆花、龙眼肉（桂圆）、决明子、百合、肉豆蔻、肉桂、余甘子、佛手、杏仁（甜、苦）、沙棘、牡蛎、芡实、花椒、赤小豆、阿胶、鸡内金、麦芽、昆布、枣（大枣、酸枣、黑枣）、罗汉果、郁李仁、金银花、青果、鱼腥草、姜（生姜、干姜）、枳椇子、枸杞子、栀子、砂仁、胖大海、茯苓、香橼、香薷、桃仁、桑叶、桑椹、橘红、桔梗、益智仁、荷叶、莱菔子、莲子、高良姜、淡竹叶、淡豆豉、菊花、菊苣、黄芥子、黄精、紫苏、紫苏籽、葛根、黑芝麻、黑胡椒、槐米、槐花、蒲公英、蜂蜜、榧子、酸枣仁、鲜白茅根、鲜芦根、蝮蛇、橘皮、薄荷、薏苡仁、薤白、覆盆子、藿香。

2010年新增5种：玫瑰花（重瓣红玫瑰）、凉粉草（仙草）、夏枯草、布渣叶（破布叶）、鸡蛋花。

2012年新增1种：人参（人工种植）。

2019年分两批次新增15种：当归、山奈、西红花、草果、姜黄、荜茇、党参、肉苁蓉、铁皮石斛、西洋参、黄芪、灵芝、天麻、山茱萸、杜仲叶。

本书只介绍2002年规定的药食两用物品。

二、选用药食两用中药的原则

1.品种不求多求持久

本书介绍的药食两用物品有93种，宜多种物品搭配食用，可以每天选2～4种适合自己或取材方便的物品搭配使用，既调换味道又补充多种成分，满足身体需要。但并不是食用越多越好，七八分饱是原则。

2.注意食物搭配和烹饪方法

烹饪方法和食材搭配影响食物的性能。如小蓟性微寒，阳虚体质不太适合，但油炸后变温性，阴虚体质同样不适合。又如，清炒鱼腥草适合湿热体质食用，但如果添加性温的生姜，鱼腥草清热的功能消失。因此，食用时注意烹饪方式，一般选择“蒸”“煮”“炖”等方式，“油炸”“煎炒”易上火，不适合阴虚、湿热体质人采用。

3.饮食是把双刃剑

饮食可以治病也可以致病。有糖尿病人因为长期饮食山药病情得到控制，也有人因长期饮食麻辣制品而生痔疮。即使是平和质，如果长期饮食某类性能的物品也可能导致偏颇体质，如长期食用龙眼肉，可能由平和质变为湿热质。因此，正确饮食非常重要，体质的改变不是一朝一夕就可以实现的，也不是短时间超量食用某种物品就可以的，宜持久坚持。

4.改善体质不只求饮食

饮食是养生的重要方式，身体健康状态受多种因素影响，偏颇体质的人如果只注意饮食，不注意综合养护，也可能达不到效果。例如，阴虚体质的人需要情绪乐观不要抑郁、不能熬夜等，如果吃了改善阴虚质的饮食而继续熬夜生气，体质也不会明显改善。

5.精准调理需要专业人员指导

学完本书后，大家发现有这么多适合你体质的物品，但如果想更精准选择，建议咨询专业人员。例如，川贝母和桑椹都适合阴虚体质人食用，前者适合偏肺阴虚的，后者适合偏肾阴虚的，这些就需要更专业的指导了。所以，本书告诉你这些可以吃，可以改善你的体质，但哪种物品更好，还需要更专业的指导。

三、药食两用中药的性、味、归经及适用体质一览表

93种药食两用物品的药性不同，适用体质也有差异，一般情况见下表：

表3-1　药食两用中药的性、味、归经及适用体质一览表

物品名称	性	味	归经	适用体质	慎用体质
丁香	温	辛	脾、胃、肺、肾经	阳虚、气虚、气郁、血瘀和痰湿体质	阴虚、痰热和特禀体质
八角茴香	温	辛、甘	肝、肾、脾、胃经	阳虚、痰湿、气郁和血瘀体质	阴虚和湿热体质
刀豆	温	甘	胃、肾经	阳虚、痰湿、气郁和血瘀体质	阴虚和湿热体质
小茴香	温	辛	肝、肾、脾、胃经	阳虚、痰湿、气郁和血瘀体质	阴虚和湿热体质
小蓟	凉	甘、苦	心、肝经	阴虚、瘀血、痰热和血虚体质	阳虚体质
山药	平	甘	脾、肺、肾经	各种体质	无

续表

物品名称	性	味	归经	适用体质	慎用体质
山楂	微温	酸、甘	脾、胃、肝经	阳虚、阴虚、痰湿、瘀血和气郁体质	气虚体质
马齿苋	寒	酸	大肠、脾、肝经	阴虚、痰热、瘀血和气郁体质	平和、阳虚、气虚和特禀体质
乌梢蛇	平	甘	肝经	阳虚、痰热、瘀血、痰湿和气郁体质	阴虚和特禀体质
川贝母	微寒	甘	心、肺	阴虚、痰湿、痰热、瘀血和气郁体质	平和、阳虚、气虚和特禀体质
乌梅	平	酸	肝、脾、肺和大肠经	气虚、阴虚、气郁和瘀血体质	阳虚体质
木瓜	温	酸、涩	肝、脾经	阳虚、气虚、气郁和痰湿体质	阴虚和痰湿体质
火麻仁	平	甘	脾、胃和大肠经	气虚、阴虚、瘀血、气郁、血虚和痰湿体质	平和和特禀体质
代代花	平	甘、微苦	肝、胃经	气郁、瘀血、阴虚和痰湿体质	阳虚体质
玉竹	微寒	甘	肺、胃经	阴虚、气虚、痰热和气郁体质	平和、阳虚和特禀体质
甘草	平	甘	脾、胃、心和肺经	阳虚、血虚、气虚和阴虚体质	气郁、痰湿和痰热体质
白芷	温	辛、微苦	肝、肾和膀胱经	阳虚、气郁和瘀血体质	阴虚体质
白果	平	甘、苦、涩	肺、肾经	阳虚、阴虚、气虚、痰湿和痰热体质	气郁和平和体质
白扁豆	微温	甘	脾经	阳虚、气虚、湿热和痰湿体质	气郁体质

续表

物品名称	性	味	归经	适用体质	慎用体质
白扁豆花	平	甘	脾、胃经	瘀血、痰湿、湿热、气郁和气虚体质	无
龙眼肉（桂圆）	温	甘	心、脾经	阳虚和气虚体质	阴虚、痰湿体质和湿热体质
杏仁（甜、苦）	甜杏仁平，苦杏仁温	甜杏仁甘，苦杏仁苦	肺经	痰湿和阴虚体质	无
决明子	寒	甘，苦、咸	肝、大肠经	阴虚和湿热体质	气虚和阳虚体质
百合	性微寒	甘	肺经，心经	气虚、阴虚、气郁和湿热体质	无
肉豆蔻	温	辛、苦	归脾、胃、大肠经	气郁和阳虚体质	阴虚和湿热体质
肉桂	大热	辛、甘	肝、肾	阳虚、气虚、痰湿和瘀血体质	阴虚和湿热体质
余甘子	性凉	酸	肺经、胃经	气虚、痰湿、湿热和阴虚体质	气郁体质
佛手	温	苦、辛、酸	归肝、脾、胃、肺经	气郁、阳虚和痰湿体质	阴虚和湿热体质
沙棘	性温	甘、酸	肺、脾、胃、肝经	气虚、阴虚、瘀血和痰湿体质。	无
牡蛎	微寒	咸、涩	肝、胆、肾经	阴虚、湿热和瘀血体质	阳虚体质
芡实	平	甘	肺、脾、肾经	气虚、阴虚、阳虚和痰湿体质	湿热体质
花椒	温热	辛	肺、脾、肾经	痰湿、瘀血、气郁和阳虚体质	湿热、特禀和阴虚体质
赤小豆	平	甘、酸	心经、小肠经	瘀血、痰湿、湿热、气郁、气虚	无

续表

<table>
<tr><th colspan="2">物品名称</th><th>性</th><th>味</th><th>归经</th><th>适用体质</th><th>慎用体质</th></tr>
<tr><td colspan="2">阿胶</td><td>平</td><td>甘</td><td>肺、肝、肾经</td><td>阳虚、气虚和阴虚体质</td><td>痰湿、瘀血、湿热和特禀体质</td></tr>
<tr><td colspan="2">鸡内金</td><td>平</td><td>甘、涩</td><td>脾、胃、小肠、膀胱经</td><td>气郁、气虚、阳虚和阴虚体质</td><td>无</td></tr>
<tr><td colspan="2">麦芽</td><td>平</td><td>甘</td><td>归脾、胃、肝经</td><td>气虚、气郁和痰湿体质</td><td>湿热体质</td></tr>
<tr><td colspan="2">昆布</td><td>寒</td><td>咸</td><td>肝、胃、肾经</td><td>痰湿、湿热和气郁体质</td><td>阳虚体质</td></tr>
<tr><td rowspan="3">枣</td><td>大枣</td><td>温</td><td>甘、酸</td><td>归脾、胃经</td><td>气虚、阳虚和阴虚体质</td><td>痰湿和湿热体质</td></tr>
<tr><td>酸枣</td><td>平</td><td>甘、酸</td><td>入心、肝经</td><td>阴虚和气虚体质</td><td>阳虚体质</td></tr>
<tr><td>黑枣</td><td>凉</td><td>甘、涩</td><td>入脾胃经。</td><td>阴虚和气虚体质</td><td>阳虚体质</td></tr>
<tr><td colspan="2">罗汉果</td><td>凉</td><td>甘</td><td>入肺、脾经</td><td>湿热和阴虚体质</td><td>阳虚体质</td></tr>
<tr><td colspan="2">郁李仁</td><td>平</td><td>辛、苦、甘</td><td>归脾、大肠、小肠经</td><td>气郁、痰湿、瘀血和阴虚体质</td><td>阳虚体质</td></tr>
<tr><td colspan="2">金银花</td><td>寒</td><td>甘</td><td>肺、心、脾、胃经</td><td>阴虚、湿热和瘀血体质</td><td>阳虚体质</td></tr>
<tr><td colspan="2">青果</td><td>平、凉</td><td>甘、涩、酸</td><td>入肺、胃经</td><td>湿热、阴虚体质</td><td>无</td></tr>
<tr><td colspan="2">鱼腥草</td><td>寒</td><td>辛</td><td>肺经</td><td>湿热、阴虚和气郁体质</td><td>阳虚体质</td></tr>
<tr><td colspan="2">姜（生姜、干姜）</td><td>温（生姜），热（干姜）</td><td>辛</td><td>脾、胃、肾、心和肺经</td><td>气郁、阳虚和痰湿体质</td><td>湿热和阴虚体质（生姜），湿热体质（干姜）</td></tr>
<tr><td colspan="2">枳椇子</td><td>平</td><td>甘</td><td>胃经</td><td>痰湿、湿热和阴虚体质</td><td>阳虚体质</td></tr>
</table>

续表

物品名称	性	味	归经	适用体质	慎用体质
枸杞子	微寒	甘、平	肝、肾经	阴虚、气虚和湿热体质	阳虚体质
栀子	寒	苦	心、肺、三焦	阴虚、湿热和气郁体质	阳虚体质
砂仁	温	辛	脾、胃和肾经	气虚、气郁和痰湿体质	无
胖大海	凉	甘、淡	大肠、肺经	痰湿、湿热和阴虚体质	阳虚和特禀体质
茯苓	平	甘、淡	心、肺和肾经	气虚、阴虚、阳虚、痰湿和湿热体质	无
香橼	温	辛、苦、酸	肝、脾和肺经	痰湿和气郁体质	阴虚体质
香薷	微温	辛	肺、胃经	痰湿、湿热和气郁体质	气虚和阴虚体质
桃仁	平	甘、苦	心、肝和大肠经	瘀血、阴虚、和气虚体质	阳虚体质
桑叶	寒	甘、苦	肺和肝经	湿热、痰湿、阴虚和气郁体质	无
桑椹	寒	甘、酸	心、肝和肾经	湿热和阴虚体质	阳虚体质
橘红	温	辛、苦	肺、脾经	气郁和痰湿体质	无
桔梗	平	苦、辛	肺经	气郁、痰湿和湿热体质	无
益智仁	温	辛	脾、肾经	阳虚、气虚和痰湿体质	无
荷叶	寒凉	苦、辛、微涩	心、肝和脾经	湿热、痰湿、气郁瘀血、阴虚和气虚体质	阳虚体质
莱菔子	平	辛、甘	肺、脾和胃经	气郁和痰湿体质	气虚和阳虚体质

续表

物品名称	性	味	归经	适用体质	慎用体质
莲子	平	甘、涩	脾、肾和心经	气虚、阳虚、湿热和痰湿体质	无
高良姜	热	辛	脾、胃经	阳虚和瘀血体质	湿热和阴虚体质
淡竹叶	寒	甘、淡	心、肺、胃和膀胱经	阴虚和痰热体质	阳虚体质
淡豆豉	凉	苦、甘、辛	肺、胃经	气郁、痰湿和湿热体质	无
菊花	微寒	辛、甘、苦	肺、肝经	湿热、痰湿和阴虚体质	气虚和阳虚体质
菊苣	凉	微苦、咸	脾、肝和膀胱经	湿热、痰湿和阴虚体质	无
黄芥子	温	辛	肺经	阳虚、痰湿、气郁和瘀血体质	阴虚和湿热体质
黄精	平	甘	脾、肺和肾经	气虚和阴虚体质	湿热和痰湿体质
紫苏	温	辛	肺、大肠经	阳虚、痰湿和气郁体质	无
紫苏籽	温	辛	肺、大肠经	阳虚、痰湿和气郁体质	气虚体质
葛根	凉	甘、辛	肺、胃、大肠经	阴虚、气虚、湿热和气郁体质	无
黑芝麻	平	甘	肝、肾和大肠经	阴虚、气虚和阳虚体质	无
黑胡椒	温	辛	脾、胃经	阳虚、痰湿和气郁体质	阴虚和湿热体质
槐米	微寒	苦	肝、大肠经	湿热和阴虚体质	无
槐花	凉	苦	肝、大肠经	湿热、气郁和阴虚体质	阳虚体质
蒲公英	寒	甘、微苦	肝、胃经	湿热、气郁、瘀血和阴虚体质	阳虚体质

续表

物品名称	性	味	归经	适用体质	慎用体质
蜂蜜	平	甘	肺、脾和大肠经	阴虚、气虚、阳虚和瘀血体质	痰湿体质
榧子	温	甘	肺、脾和大肠经	阴虚、气虚和阳虚体质	无
酸枣仁	平	酸、甘	心、脾、肝和胆经	阴虚、气虚、阳虚和湿热体质	气郁体质
鲜白茅根	寒	甘	肺、胃和膀胱经	阴虚和湿热体质	无
鲜芦根	寒	甘	肺、胃经	阴虚和湿热体质	阳虚体质
蝮蛇	温	甘	脾、肝经	痰湿、瘀血和气郁体质	无
橘皮	温	苦、辛	肺、脾经	气虚、痰湿、湿热、瘀血和气郁体质	无
薄荷	凉	辛	肺、肝经	阴虚、气虚、湿热、瘀血和气郁体质	无
薤白	温	辛、苦	心、肺、胃和大肠经	阳虚、瘀血和气郁体质	无
覆盆子	温	酸、甘	肝、肾和膀胱经	阳虚和气虚体质	无
藿香	微温	辛	脾、胃和肺经	湿热、痰湿和特禀体质	阴虚体质
薏苡仁	凉	甘、淡	肺、脾和胃经	气虚、痰湿和湿热体质	无
当归	温	甘、辛	归肝、心、脾经	气虚、阳虚、瘀血和气郁体质	痰湿和湿热体质
荜茇	热	辛	脾、胃和大肠经	气虚、痰湿、瘀血和气郁体质	阴虚、气虚和湿热体质
山柰	温	辛	胃经	阳虚、瘀血、气郁和痰湿体质	阴虚体质

续表

物品名称	性	味	归经	适用体质	慎用体质
西红花	平	甘，	心、肝经	气郁体质和瘀血体质	出血性疾病
草果	温	辛	脾、胃经	阳虚体质、气郁和痰湿体质	阴虚和湿热体质

第二节　丁香

丁香（图3-1）别称公丁香（花蕾）、母丁香（果实）、丁香、支解香、雄丁香，据《本草拾遗》中记载“鸡舌香和丁香同种，花实丛生，其中心最大者为鸡舌香乃母丁香也”，其药理活性丰富，在食品、药品、香精、香料等行业用途广泛，是中医、蒙医常用的药材。

图3-1　公丁香与母丁香

一、丁香作用的古代观点

丁香性温，味辛。归脾、胃、肺和肾经。

1.温中降逆

《开宝本草》："温脾胃，止霍乱。（治）壅胀，风毒诸肿，齿疳䘌。"《本草正》："温中快气。治上焦呃逆，除胃寒泻痢，七情五郁。"《医林纂要探源》："补肝，润命门，暖胃，去中寒，泻肺，散风湿。"

2.补肾助阳

《本草汇》："疗胸痹、阴痛，暖阴户。"《日华子诸家本草》："治口气，反胃，疗肾气，奔豚气，阴痛，壮阳，暖腰膝，杀酒毒，消痃癖，除冷劳。"

二、丁香作用的现代研究

现代研究表明，丁香花蕾、果实、枝、叶各部位的主要抗营养因子含量均处于食品或饲料的正常范围。

丁香能使胃黏膜充血，促进胃液分泌，又能刺激胃肠蠕动，有芳香健胃，排降肠道气体，温中散寒，降逆止呃的作用。

丁香挥发油是丁香的主要化学成分，占16%～19%，具有抗菌、抗真菌、镇痛以及对消化系统的保护作用。临床常用来治疗胃病、腹痛、呕吐、神经痛、牙痛等疾病。

《药材学》："治慢性消化不良，胃肠充气及子宫疝痛。"

蒙医临床上除了治疗脾胃虚寒，还用于命脉“赫依”、心“赫依”和癫狂等疾病的治疗。

三、丁香的宜忌体质

1.适用体质

丁香味辛，性温，无毒，适用于需要温补的阳虚体质。还适用于气虚体质，李杲曰：“气血胜者不可服，丁香益其气也。”《本草再新》：“开九窍，舒郁气，去风，行水。”气郁体质、血瘀体质和痰湿体质可以适当使用。

2.慎用体质

阴虚体质、痰热体质和特禀体质慎用，热病及阴虚内热者忌服。《本草经疏》：“一切有火热证者忌之，非属虚寒，概勿施用。”

四、如何食用丁香

1.用法用量

常规作为调料食用，用量2～6g，或入丸、散。外用：适量，研末敷。《雷公炮炙论》记载：“不可见火。畏郁金，”不宜与郁金同用。丁香、郁金同方配伍的不良反应有呕吐、消化道出血等症状。

2.食疗方

（1）丁香烤羊腿

材料：山羊后腿1只，丁香10g，姜末30g，甜面酱20g，黄瓜片50g，葱白段80g，烧饵12个（用大米煮熟为饭，趁热捣为泥，捏成团，擀成直径15cm、厚0.5cm的圆饼即为饵，烘烤起泡），胡椒5g，盐20g，味精10g，花生油200g，葱末30g，芝麻油20g。

做法：羊腿洗净，两面各戳十几个孔，放入精盐、味精、胡椒粉、葱姜揉透，腌制1小时。将羊腿放入烤盘，丁香镶入肉孔内，再放入花生油和清水共250g，置烤盘于烤箱内，用温水烤至汤干，肉熟呈金黄色，取出刷上芝麻油，切片装盘，用黄瓜片点缀。

服法：单吃或烧饵夹羊肉、甜面酱和葱白段一起吃。

功效：温中助阳。

（2）丁香鸡

材料：净鸡1只，丁香10g，食盐、姜、葱、橘皮、胡椒粉、味精等适量。

做法：将洗好的整鸡切成块，姜切成片，葱切成段。在锅内放入底油，把丁香、橘皮放入锅内炸出香味，再把葱、姜也放进锅中，然后放入鸡块进行翻炒，再加上一些醋和生抽，再加一点盐，翻炒均匀，在锅里添加清水，用量要没过鸡块，加好水后改成小火，炖二十分钟左右，鸡肉炖熟，再加入老抽，搅拌均匀后盖上锅盖，汤汁收干之后，加入胡椒粉、味精和香油进行调味，翻炒均匀。

服法：直接食用。

功效：补虚温中。

第三节　八角茴香

八角茴香（图3-2），俗称大料、大茴香、八角等，在调味品、香精香料和食品工业等领域具有广泛的应用价值，经济价值高，是我国重要的“药食同源”物质，孙思邈曰：“煮臭肉，下少许，即无臭气，臭酱入末亦香，故名回香。”

图3-2　八角茴香树与八角茴香

一、八角茴香作用的古代观点

八角茴香性温，味辛、甘。无毒，归肝、肾、脾和胃经。其果实主治寒疝腹痛、腰膝冷痛、胃寒呕吐、脘腹疼痛、寒湿脚气等，主一切冷气及诸疝疗痛。

1. 温阳散寒

《品汇精要》：“主一切冷气及诸疝疗痛。”

2.理气止痛

《本草正》:“除齿牙口疾，下气，解毒。”《医林纂要探源》:“润肾补肾，疏肝木，达阴郁，舒筋，下除脚气。”

二、八角茴香作用的现代研究

八角茴香营养成分丰富，主要化学成分有挥发油、有机酸、黄酮类、糖苷类、三萜类、无机离子等多种生理活性物质，其药理作用涉及抗菌、抑菌、抗氧化、镇痛、抗病毒、杀虫、升高白细胞、抗支气管痉挛等作用。在医学工业上可调制杀菌剂、健肾剂、催乳剂等，具有较高的药用价值。

三、八角茴香的宜忌体质

1.适用体质

八角茴香温阳散寒，适用于需要温热的阳虚体质和痰湿体质。《医林纂要探源》:“润肾补肾，疏肝木，达阴郁，舒筋，下除脚气。”气郁体质和血瘀体质者可以适当食用。

2.慎用体质

阴虚体质和湿热体质慎用，茴香籽性燥，因而津液不足及燥热者不宜食用。

四、如何食用八角茴香

1.用法用量

煎汤服，常规使用3～6g。八角是最常用的调味料之一，可烹制出许多美味菜肴。

2. 食疗方

（1）八角焖狗肉

材料：狗肉250g，八角茴香、小茴香、桂皮、橘皮、草果、生姜、盐、酱油等调料。

做法：狗肉煮烂，加入上述调料同煮食。

服法：常规饮食。

功效：可治疗阳痿。

（2）八角芝麻酥鸡

材料：母鸡1只，生姜末、八角茴香粉、葱、料酒、酱油等调料适量。

做法：将经细盐搓过的母鸡装入盘内，将生姜末、八角茴香粉、葱、料酒、酱油抹于鸡身，上笼蒸八成熟，去掉已用过的姜丝等，将鸡压成饼状，周身涂满鸡蛋面糊，在肉面上撒芝麻，轻按。锅中加1L花生油，旺火烧至八成热，将鸡慢慢放入油锅内，改用小火，将鸡炸成金黄时捞出。

服法：常规饮食。

功效：使皮肤滋润富有光泽，可提高孕妇食欲，缓解孕妇便秘症状，改善皮肤不良情况。

第四节　刀豆

刀豆（图3-3）别名蔓生刀豆、挟剑豆、野刀板藤、葛豆，为豆科植物刀豆的干燥成熟种子。刀豆既可食用又可药用，是典型的药食同源植物，其嫩荚可作鲜菜炒食，口感丰富，味道鲜美，老熟种子则可入药。

图3-3　刀豆与白刀豆种子

一、刀豆作用的古代观点

刀豆味甘，性温。归胃、肾经。《本草纲目》：“温中下气，利肠胃，止呃逆，益肾补元。”

1.温中下气

《滇南本草》：“治风寒湿气，利肠胃，烧灰，酒送下。子，能健脾。”

2.益肾补元

种子可温中降逆，补肾。用于虚寒呃逆，肾虚，腰痛，胃痛。

二、刀豆作用的现代研究

刀豆中含有大量的蛋白质、氨基酸等成分，还含有尿素酶、血球凝集素、刀豆氨酸、淀粉、脂肪等。科学家还在其嫩荚中发现有治疗肝性昏迷和抗癌作用的刀豆赤霉Ⅰ和刀豆赤霉Ⅱ等。其含有抗癌、抑癌的化学成分，可提高人体免疫能力。此外，刀豆对人体镇静也有很大的帮助，可以提高皮质的抑制过程，使人精神饱满，神清气爽。

三、刀豆的宜忌体质

1. 适用体质

刀豆性温，适用于需要温热的阳虚体质和痰湿体质者。刀豆温中下气，气郁体质和血瘀体质者可以适当食用。

2. 慎用体质

阴虚体质和湿热体质慎食，由于刀豆性温，津液不足及燥热者不宜多食。

四、如何食用刀豆

1. 用法用量

当作蔬菜炒熟吃。生刀豆中含有红细胞凝集素和皂苷，如果加热不彻底，会引起食物中毒，因而食用时要彻底加热。

判断是否完全炒熟的标准为：豆荚由挺拔变萎靡，颜色变暗，腥味消失。

2.食疗方

（1）刀豆米粥

材料：刀豆15g，粳米50g，生姜2片，水。

做法：取刀豆捣碎（或炒后研末亦可），和粳米、生姜同入砂锅内，加水400mL，煮为稀粥。

服法：每日早、晚餐时温热服食。

功效：温中益胃，下气止呃。

（2）刀豆生姜汤

材料：老刀豆30g，生姜3片，红糖适量。

做法：将刀豆、生姜洗净，加水300mL，煮约10分钟，去渣取汤汁，再加红糖调匀即成。

服法：每日2～3次，服饮汤汁。

功效：温中降逆，止呃止呕。

第五节　小茴香

小茴香（图3-4）为伞形科植物茴香的干燥成熟果实，是人工配制五香粉的主要组分，广泛用于食品调味、糖果和酒类的配制。

图3-4　小茴香植物与果实

一、小茴香作用的古代观点

小茴香味辛，性温。归肝、肾、脾和胃经。盐小茴香有暖肾、散寒、止痛的功效。

1.散寒止痛

《本草汇言》："温中快气之药也。"《玉楸药解》："治水土湿寒，腰痛脚气，固瘕寒疝。"

2.理气和胃

行气止痛，和胃。

二、小茴香作用的现代研究

小茴香主要含挥发油等成分，包括茴香醚、茴香酮、柠檬烯茴香醛等。能抗溃疡，利胆，松弛气管平滑肌，有性激素样作用，麻痹中枢，抑菌，抗肿瘤。茴香油能刺激胃肠神经、血管，促进消化液分泌，增加胃肠的蠕动，排除积存的气体，有健胃行气的功效。

三、小茴香的宜忌体质

1. 适用体质

小茴香性温，适用于需要温热的阳虚体质和痰湿体质。小茴香理气和胃，气郁体质和血瘀体质者可以适当食用。

2. 慎用体质

阴虚体质和湿热体质慎用，由于小茴香性温，阴虚火旺者慎用。

四、如何食用小茴香

1. 用法用量

作为调料食用，用量3～6g。

2. 食疗方

（1）小茴香煎饼

材料：小茴香200g，鸡蛋、面粉、五香粉、盐、植物油、水适量。

做法：新鲜小茴香去根洗净切碎，加鸡蛋、面粉、盐、五香粉、水，先加少量水将面搅拌至无疙瘩，再加水搅拌至可流动的状态，小锅内加少许油，倒入一勺均匀摊开，煎至两面微黄。

服法：当主食吃。

功效：健胃行气。

（2）小茴香炸里脊

材料：小茴香粉5g，猪里脊肉200g，元葱25g，姜5g，味精1.5g，酱油15g，绍酒5g，豆油50g。

做法：将里脊肉切成1cm厚的片，元葱切成1cm厚的片，姜切成细丝。将肉片、元葱、姜丝、小茴香粉放在碗内，加酱油、绍酒、味精，腌制30分钟。将肉片、元葱穿在扦子上。锅内放大豆油，待油烧热时，放入肉串炸，炸至外焦里嫩，呈火红色时，取出控油，装盘即成。

服法：直接食用。

功效：祛寒止痛，行气健脾。

第六节　小蓟

小蓟别名千针草、刺蓟、刺儿草等，为菊科植物刺儿菜的地上干燥部分。小蓟（如图3-5）作为中医常用药，其来

图3-5　小蓟及其烘干成品

源广泛，价廉，止血、凝血作用突出，具有很好的临床应用前景。

一、小蓟作用的古代观点

小蓟味甘、苦，性凉，归心、肝经。主治衄血、吐血、尿血、便血、崩漏下血、外伤出血、痈肿疮毒等。

1.清热凉血

《日华子诸家本草》：“根，治热毒风并胸膈烦闷，开胃下食，退热，补虚损；苗，去烦热，生研汁服。”《本草拾遗》：“清火疏风豁痰，解一切疔疮痈疽肿毒。”

2.止血祛瘀

《本草图经》：“生捣根绞汁服，以止吐血、衄血、下血。”

二、小蓟作用的现代研究

小蓟具有止血、凝血、抗菌、抗炎、抗肿瘤、抗衰老、抗疲劳和镇静作用，有收缩胃肠道和支气管平滑肌作用。小蓟主要含芸香苷、蒙花苷、原儿茶酸、绿原酸、咖啡酸及蒲公英甾醇等成分，其水煎剂对白喉杆菌、肺炎球菌、金黄色葡萄球菌等均有不同程度抑制作用。临床上常用于治疗呕血，尿血，崩漏带下，外伤出血，痈肿疮毒，湿热黄疸，肾炎，能利尿退黄，消肿，尤其对治疗血淋、尿血效果极佳，煎汤内服，以鲜汁外用于外伤止血更佳。

三、小蓟的宜忌体质

1.适用体质

小蓟性凉，可退热。适用于阴虚体质。其凉润之性，又善滋阴养血，治血虚发热。《本草拾遗》中提到小蓟治疗一切疔疮痈疽肿毒。适用于瘀血体质、痰热体质和血虚体质。

2.慎用体质

阳虚体质慎用。

四、如何食用小蓟

1.用法用量

煎汤服，5～10g；外用捣敷。

2.食疗方

（1）蓟草马兰根饮

材料：蓟草15g，马兰根15g。

做法：水煮。

服法：当茶饮。

功效：用于尿路感染（膀胱炎及肾盂肾炎）、血尿的食疗。

（2）刺儿菜汁

材料：大、小蓟鲜草适量。

做法：捣烂绞汁。

服法：温水和服。

功效：可用于传染性肝炎的食疗。

第七节　山药

山药（如图3-6）别名薯蓣、怀山药、淮山药等，为薯蓣科植物薯蓣的干燥根茎。山药不仅是良药，也是公认的滋补佳品，《神农本草经》记载山药可补中益气，长肌肉，久服耳目聪明，轻身，不饥，延年，并将其列为上品。

图3-6　山药

一、山药作用的古代观点

山药味甘，性平，归脾、肺、肾经。《本草纲目》记载山药具有益肾气、强筋骨、健脾胃、止泄痢、化痰涎、润皮毛、治泄精健忘等功效。

1.补脾养胃

《神农本草经》："主伤中，补虚，除寒热邪气，补中益气力，长肌肉，久服耳目聪明。"

2.生津益肺

《名医别录》:“主头面游风，风头（一作‘头风’）眼眩，下气，止腰痛，治虚劳羸瘦，充五脏，除烦热，强阴。”《伤寒蕴要》:“补不足，清虚热。”

3.补肾涩精

《本草经读》:“山药能补肾填精，精足则阴强……凡上品俱是常服食之物，非治病之药，故神农另提久服二字。”《日华子诸家本草》:“助五脏，强筋骨，长志安神，主泄精健忘。”

二、山药作用的现代研究

山药主要化学成分包括多糖、氨基酸、脂肪酸、山药素类化合物、尿囊素、微量元素、淀粉等，还具有降血糖、降血脂、抗氧化、调节脾胃、抗肿瘤、增强免疫调节、助消化吸收等药理作用。

据测定，山药富含18种氨基酸，其中8种人体必需氨基酸中谷氨酸的含量最高，达到3.02mg/g，有很高的营养价值。此外，山药黏液含有胆碱，对人体有特殊的保健作用，可防止体内脂肪沉积在血管壁，保持血管弹性，预防动脉粥样硬化，减少皮下脂肪堆积，还可强化肝脏和肾脏的结缔组织，保持消化道、呼吸道及关节腔的润滑。

三、山药的宜忌体质

山药适用于各种体质。《神农本草经》记载山药可补中益气。《药品化义》记载山药取其甘则补阳，而《本草求真》记载了山药具有补阴而清虚热的作用。

四、如何食用山药

1. 用法用量

山药可做常规菜肴，或入丸、散。健脾止泻宜炒用，补阴宜生用。

2. 食疗方

（1）山药桂花羹

材料：山药150g，鲜桂花5g（干品1g），冰糖适量。

做法：将去皮洗净切成小丁的山药放入锅中，加水适量开始煮，煮至七八成熟时，放入桂花、冰糖，煮至山药软糯，汤汁浓稠即可。

服法：当饮品食用。

功效：健脾固肾。

（2）补肺化痰桂圆山药红枣汤

材料：山药150g，桂圆肉20g，红枣20g，冰糖10g，水1500mL。

做法：山药去皮，切块，红枣去核，放入温水浸泡半小时。锅中加水，煮沸后放入山药，改中火煮10分钟。加入泡好的红枣和桂圆，改小火炖煮30分钟左右。煮至山药软烂，加入冰糖就可饮用了。

服法：当汤品食用。

功效：补气养血，补脾暖胃。

（3）山药冰糖饮

材料：山药20g，冰糖30g。

做法：同入砂锅，加水适量，大火煮沸后改小火煮30分钟。

服法：代茶饮。

功效：健脾养胃，润肺生津。

第八节　山楂

山楂（如图3-7）又名山里红，是蔷薇科植物山楂或野山楂的成熟果实，也是我国资源丰富的药食同源植物。

图3-7　山楂及其烘干成品

一、山楂作用的古代观点

山楂味酸、甘，性微温，归脾、胃和肝经。山楂主治肉积、痰饮、吞酸、肠风、腰痛、恶露不尽、胃脘胀满、泻痢腹痛、产后瘀阻、疝气疼痛等病证，也用于治疗水湿疮疡等外科疾病。

1.消食健胃

《履巉岩本草》中认为山楂“能消食”,《日用本草》:“化食积，行结气，健胃宽膈，消血痞气块。”

2.行气散瘀

《得配本草》:“核能化食磨积，治疝，催生。研碎，化瘀；勿研，消食；童便浸，姜汁炒炭，去积血甚效。”

二、山楂作用的现代研究

山楂果肉中富含维生素、矿物质、膳食纤维以及黄酮类、三萜类等多种植物化学成分，具有抗氧化、抗肿瘤、抗菌、抗病毒等作用。山楂膳食纤维能降血脂、润肠通便、改善肠道菌群、抗氧化、清除自由基、抗菌等。

药理研究发现，山楂有扩张冠状动脉、增加冠脉血流量、增加心肌收缩力、改善血液循环及降血压、降血脂功效，患有高血压、高血脂、冠心病、心绞痛等疾病的中老年人平日适当吃山楂或山楂制品是大有益处的。内服山楂，可增加胃中酶类的分泌，故能促进消化、增强食欲。山楂还有活血散瘀之功，服食山楂可治血瘀阻滞等多种证候，如妇女产后血瘀腹痛、恶露不尽者，内服山楂可促进子宫收缩复原、止痛止血，山楂还可治疗跌打损伤所致的瘀血肿痛。山楂对急、慢性肾炎，肝脾肿大，绦虫病等也有疗效。

三、山楂的宜忌体质

1.适用体质

山楂味酸、甘，性微温，主治痰饮，可增加胃中酶类的分泌，适用于阳虚体质、阴虚体质和痰湿体质。

《医学衷中参西录》："山楂，若以甘药佐之，化瘀血而不伤新血，开郁气而不伤正气，其性尤和平也。"适用于瘀血体质和气郁体质。

2.慎用体质

气虚体质不宜使用。《得配本草》："气虚便溏，脾虚不食，二者禁用。服人参者忌之。"

四、如何食用山楂

1.用法用量

本品可制作成零食，或煎汤内服，或煎水洗，或捣敷外用，用量10～15g，大剂量30g。

2.食疗方

（1）山楂鸭肉汤

材料：山楂干品、石斛各10g，苹果3个，鸭胸肉200g，鸭骨架1个，生姜适量。

做法：先将苹果削皮去核，切成4块；鸭胸肉洗净切成块，鸭骨架汆水，用姜煸炒；所有食材一同放入汤煲内，加水1500～2000mL，用大火煮15分钟左右，再改小火煲45分钟，加少许食盐调味即可。

服法：当菜肴食用。

功效：养阴生津，消食导滞。

（2）山楂粥

材料：山楂、粳米各50g，冰糖适量。

做法：山楂切片，与粳米共煮粥，粥将熟时加入冰糖，调匀即成。或取焦山楂（即把净山楂用强火炒至外缘焦褐色、内部焦黄色，取出放凉）25～30g，大米适量。将山楂以清水煎煮2次，取汁，与大米熬成粥，即成。

服法：当粥食用。

功效：助脾健胃，滋补强身。

（3）山楂莲子汤

材料：山楂150g，净莲子200g，白糖适量。

做法：将莲子洗净，山楂去皮去核洗净，锅内放莲子，加水煮至莲子熟，再加入山楂、白糖煮至山楂熟烂即成。

服法：当菜汤食用。

功效：消食开胃，补气提神。

第九节　马齿苋

马齿苋（如图3-8）别称马齿草、马苋等，为马齿苋科植物马齿苋的全草。马齿苋作为一种分布广泛的野生植物，已经在药用、食用、饲用、保健品加工等方面展现出独特的利用价值，其中药食同源的价值还有很大的开发空间。

图3-8　马齿苋及其烘干成品

一、马齿苋作用的古代观点

马齿苋味酸，性寒，归大肠、脾和肝经。马齿苋有散血消肿、消除腹部包块、消热、解毒、消痈、止消渴、治疗妇女赤白带等作用。

1.清热解毒

《生草药性备要》："治红痢症，清热毒，洗痔疮疳疔。"

《滇南本草》："益气，清暑热，宽中下气，润肠，消积滞，杀虫，疗疮红肿疼痛。"《新修本草》："主诸肿瘘疣目，捣揩之；饮汁主反胃，诸淋，金疮血流，破血癖症癖，小儿尤良；用汁洗紧唇、面疱、马汗、射工毒涂之瘥。"

2.散血消肿

《本草纲目》："散血消肿，利肠滑胎，解毒通淋、治产后虚汗。"

二、马齿苋作用的现代研究

马齿苋主要含有生物碱类、萜类、香豆素类、黄酮类、有机酸类、挥发油及多糖等化学成分。研究表明其具有抗炎、镇痛、抑菌、降血脂、降血糖、抗肿瘤、抗氧化、抗衰老、增强免疫力等作用，被广泛应用在药品、保健食品、护肤品等领域。

在临床皮肤病的处方中，马齿苋占量比重最高，主要用于治疗湿疹、癣状疾病、荨麻疹、蚊虫叮咬性皮炎等皮肤过敏症状。

梁琪等研究发现，在奶山羊口粮中添加马齿苋青贮饲料，可提高奶山羊产奶量和羊乳品质，而且山羊的泌乳量随着马齿苋添加量的增加而增加，同时羊乳中乳糖、总多酚、总黄酮和β-胡萝卜素的含量也增多。马齿苋能维持上皮组织如皮肤、角膜及结合膜的正常机能，参与视紫质的合成，能增强视网膜感光性能，还能参与人体内许多的氧化过程，能增强子宫平滑肌收缩功能。马齿苋在食品深加工中也有较大的应用潜力，制成粉末按一定比例加入面粉，不仅可提高面粉的营养价值，还可有效提高面粉的加工特性。

三、马齿苋的宜忌体质

1. 适用体质

马齿苋味酸，性寒。适用于治疗干燥、内热的阴虚体质。适用于痰热体质、瘀血体质和气郁体质，马齿苋可以清热毒，散血消肿，益气。

2. 慎用体质

生冷伤脾阳，因此，没有肺系疾病的平和体质、阳虚体质、气虚体质和特禀体质者一般不宜食用。

四、如何食用马齿苋

1. 用法用量

炒菜、凉拌，煎汤内服或绞汁用、外用捣敷。

2. 食疗方

（1）马齿苋炒鸡丝

材料：鲜马齿苋400g，鸡胸肉100g，蛋清1枚，精盐、料酒、香油、淀粉、姜末、清汤各适量。

做法：将马齿苋去杂质洗净，沥水切段。鸡胸肉切成细丝，放入碗内，加精盐、料酒，放入蛋清、淀粉拌匀。炒锅加油烧至七成热时，入鸡丝、精盐炒熟。放入马齿苋翻炒，淋上香油，起锅装盘即成。

服法：当菜肴食用。

功效：健脾益胃，解毒消肿。

（2）马齿苋粥

材料：马齿苋150g，半截叶9枚，红粳米100g。

做法：先水煎半截叶20分钟，去渣，入米煮熬成稀饭后，加洗净的马齿苋、食油、盐适量，焖片刻。

服法：当粥食用，可早晚服两次。

功效：消炎止血。

（3）马齿苋瘦肉汤

材料：马齿苋50g，芡实30g，瘦猪肉50g，精盐、味精适量。

做法：将马齿苋洗净，切段。瘦猪肉、芡实洗净。将这些食材一同放入锅内，加入清水，用大火煮沸后转小火煮两小时左右，加精盐、味精调味，再煮沸即成。

服法：当菜汤食用。

功效：清热解暑，健脾祛湿。

第十节　乌梢蛇

乌梢蛇别称乌蛇、南蛇、乌花蛇、黑风蛇、黄风蛇等，为游蛇科动物乌梢蛇的干燥体。乌梢蛇体形较大（如图3-9），分布范围很广，是我国较为常见的一种无毒蛇，乌梢蛇属在我国已知有三种，分别是乌梢蛇、黑网乌梢蛇、黑线乌梢蛇。多于夏、秋两季捕捉，剖开腹部或先剥皮留头尾，除去内脏，盘成圆盘状，干燥。去头及鳞片，切断生用，酒炙，或黄酒闷透，去皮骨用。

图3-9　乌梢蛇及其干燥体

一、乌梢蛇作用的古代观点

乌梢蛇味甘，性平，归肝经。乌梢蛇主要有祛风通络、祛腐生肌、宣通气血、清心明目、养血补阴等功效。

《本经逢原》："蛇性主风，而黑色属水，故治诸风顽痹，皮肤不仁，风瘙湿疹，疥癣热毒……"《得配本草》："配麋香，荆芥，治小儿撮口。”《本草纲目》：“功与白花蛇（即蕲蛇）同而性善无毒。”

二、乌梢蛇作用的现代研究

乌梢蛇的主要化学成分有氨基酸、蛋白质和核苷类，此外还有微量元素，这些成分对人体的健康有着重要的生理意义。

乌梢蛇在临床上主要用于治疗风湿麻痹、麻木拘挛、口眼㖞斜、中风、抽搐、痉挛、破伤风、麻风、疥癣、瘰疬、恶疮等。现代临床报道乌梢蛇与防风、当归等配伍可用于治疗湿疹；与川芎、黄芪、补骨脂等配伍可治疗白癜风；与黄芪、全蝎等配伍可治疗中风后遗症。乌梢蛇提取的水溶性部分能抗炎、镇痛。乌梢蛇的血清具有良好的抗蛇毒作用。用乌梢蛇或乌梢蛇胆泡制的酒具有保健和药用双重效果，用乌梢蛇胆制成的“蛇胆川贝液”，对感冒和小儿咳嗽有很好的疗效。

三、乌梢蛇的宜忌体质

1. 适用体质

乌梢蛇祛风湿，壮督益肾。适用于易患阳痿的阳虚体质。《中国药典》中记载“乌梢蛇具有祛风、通络、止痉的功效”，适用于痰热体质、血瘀体质、痰湿体质和气郁体质。

2. 慎用体质

内热生风的阴虚体质和特禀体质慎用。

四、如何食用乌梢蛇

1.用法用量

煮汤服，用量9～12g；研末，用量2～3g；或入丸剂、泡酒，外用，适量。

2.食疗方

（1）《中国药典》记录的三种炮制方法

①乌梢蛇，去头及鳞片，切寸段。②乌梢蛇肉，去头及鳞片后，用黄酒闷透，除去皮骨，干燥。③酒乌梢蛇，取净乌梢蛇段，按酒炙法炒干。

（2）乌梢蛇面粉

材料：1000重量份的小麦粉和2～40重量份的乌梢蛇粉。

做法：将上述物品做成馒头、花卷、面条、包子或饺子等各种面食制品。

服法：当主食食用。

功效：祛风通络，止痉。

第十一节　川贝母

川贝母（如图3-10）别称贝母、川贝、勤母、药实等，是百合科植物川贝母、暗紫贝母、甘肃贝母、梭砂贝母、太白贝母或瓦布贝母的干燥鳞茎，是我国传统可用于保健食品的名贵中药材，按照药材性状不同，又称“松贝”“青贝”“炉贝”和“栽培品”。

图3-10　川贝母及其鳞茎

一、川贝母作用的古代观点

川贝母味甘、苦，性微寒，归肺经和心经。主治肺热燥咳、干咳少痰、阴虚劳嗽、痰中带血、瘰疬、乳痈和肺痈等。

1.清热润肺

《神农本草经》：“贝母。味辛平，主伤寒烦热，淋沥邪气，疝瘕，喉痹，乳难，金疮风痉。”《日华子诸家本草》：“消痰，润心肺。末，和砂糖为丸含，止嗽；烧灰油敷人畜恶疮。”

2.散结消肿

《本草便读》：“以其有解郁散结，化痰除热之功，故一切外证疮疡用之而效者，亦此意也。”

二、川贝母作用的现代研究

川贝母中主要有效成分为异甾体生物碱和甾体生物碱，

随着川贝母品种和生长周期的不同，川贝母生物碱的种类和含量有所不同。

川贝母是润肺止咳的名贵中药材，其药理作用涉及镇咳、祛痰、平喘、镇静、镇痛、抗菌、抗溃疡、抗氧化、保护膈肌等作用，中药方剂或中成药制剂中都可以加入川贝母来增强治疗久咳痰喘的效果，如蛇胆川贝露、川贝枇杷露等，临床常用来治疗急性气管炎、支气管炎、肺结核等病证。

三、川贝母的宜忌体质

1.适用体质

川贝母味苦、甘，性微寒。适用于治疗干燥、内热的阴虚体质。

《本草汇言》："贝母，开郁，下气，化痰之药也。"适用于痰湿体质、气郁体质、血瘀体质和痰热体质。

2.慎用体质

生冷伤脾阳，因此，没有肺系疾病的平和体质、阳虚体质、气虚体质和特禀体质者一般不宜食用。

四、如何食用川贝母

1.用法用量

煮或蒸汤内服，用量3～9g；研粉冲服，1次1～2g；也可入丸剂。

2.食疗方

（1）川贝炖雪梨

材料：雪梨1个，川贝母3g，冰糖10g。

做法：把川贝母3g研成细粉及冰糖10g放入梨中，在蒸锅内蒸45分钟后取出食用。

服法：当菜肴食用。

功效：润肺，止咳，化痰。

（2）贝母鸭蛋炖

材料：川贝母5g（捣细末），百合30g，鸭蛋2个，桑叶30g。

做法：将桑叶加水1000mL，煎汁约500mL，滤出药液，去除桑叶。再在药液中加入贝母粉、百合拌匀，隔水蒸熟百合后，将鸭蛋打破放入，加适量调料，稍微煮沸即可食用。

服法：每天1次，连续食用7天。

功效：预防哮喘。

第十二节　乌梅

乌梅（如图3-11）别名梅实、熏梅、酸梅、桔梅肉等，为蔷薇科植物梅的干燥近成熟果实。夏季果实近成熟时采取，低温烘干后闷至色变黑。乌梅中含有大量酸性物质，能够防治许多疾病，更是生津解暑的上佳果品。

图3-11　乌梅及其烘干成品

一、乌梅作用的古代观点

乌梅味酸、涩，性平，归肝、脾、肺和大肠经，主治肺虚久咳、泄泻、痢疾反复不愈、暑热津伤、口渴、虚热烦渴、消渴、肠蛔虫病、崩漏下血、疮疡、咽喉肿痛。

1. 收敛生津

《神农本草经》："梅实酸，平。主下气，除热烦满，安心，肢体痛，偏枯不仁，死肌，去青黑痣，恶肉。"

2. 安蛔驱虫

《大明本草》："和建茶、干姜为丸服，止休息痢。"《本草纲目》："敛肺涩肠，治久嗽，泻痢，反胃噎膈，蛔厥吐利，消肿，涌痰，杀虫，解鱼毒、马汗毒、硫黄毒。”

二、乌梅作用的现代研究

乌梅营养成分丰富，主要化学成分有黄酮、有机酸、萜类、甾醇、脂类、生物碱、糖类等多种生理活性物质，其药理作用涉及驱虫、抗菌、抗肿瘤、抗过敏、抗氧化、解毒等作用。临床常用来治疗大肠息肉、肝病、过敏性结肠炎、过敏性鼻炎、子宫脱垂、荨麻疹等病证。其药理作用广泛，临床应用多，开发前景广。

乌梅与五味子、半夏、橘红配伍具有敛肺止咳的功效；与僵蚕、象牙屑、鳖甲等配伍可以用来治疗各种增生、息肉；与黄连配伍可以用来治疗以虚损为主的糖尿病。乌梅汤可以治疗小儿肠系膜淋巴结炎、失眠、溃疡性结肠炎、儿童肠蛔虫、糖尿病性腹泻等病证。乌梅丸多用于治疗慢性泄泻、溃疡性结肠炎、腹泻型肠易激综合征、细菌性痢疾等病证。

三、乌梅的宜忌体质

1.适用体质

乌梅味酸、涩，性平，其酸性收涩，能够收敛肺气，可治疗气虚体质导致的久咳或虚喘等。适用于阴虚体质，《神农本草经》中提到的“安心”是指安神，用于治疗失眠的阴虚质。适用于气郁体质和瘀血体质，《神农本草经读》：“主下气者，生气上达，则逆气自下矣……肝主藏血，血不灌溉，则偏枯不仁而为死肌。乌梅能和肝气，养肝血，所以主之。”

2. 慎用体质

乌梅性平而寒，《神农本草经》中提到的“除热”功效不能用于寒证。而阳虚体质发病多为寒证，因此阳虚体质不宜使用。

四、如何食用乌梅

1. 用法用量

煎汤，用量4～7.5g；或入丸、散；外用煅研干撒或调敷。

2. 食疗方

（1）醋乌梅

材料：乌梅、醋适量。

做法：取净乌梅或乌梅肉，用醋拌匀，闷润至醋被吸尽时，置适宜的容器内密闭，隔水或用蒸气加热2～4小时，取出干燥。

服法：当零食食用。

功效：消食开胃，补气止咳。

（2）酸梅汤

材料：乌梅10颗，山楂片1把，甘草9g，冰糖适量。

做法：将主材放入碗中，清水浸泡2分钟，洗净沥干备用；锅中倒入清水，放入主材，大火煮开后，调成中火，半掩锅盖，煮20分钟；放入适量冰糖，搅拌后关火。

服法：酸梅汤冷却，滤渣后即可饮用。

功效：消暑提神，生津止渴。

第十三节　木瓜

木瓜（如图3-12）别名宣木瓜、铁脚梨、皱皮木瓜等，为蔷薇科木瓜属植物贴梗海棠的干燥近成熟果实，与番木瓜有所区别。俗语称“杏一益，梨二益，木瓜百益”，素有“百益果王”称号，在保健食品、化妆美容产品和剂型开发方面具有广泛利用价值。

图3-12　木瓜树与果实

一、木瓜作用的古代观点

木瓜味酸、涩，性温，归肝、脾经。木瓜具有舒筋活络、健脾开胃、疏肝止痛、祛风除湿的功效。

1. 平肝和胃

《本草纲目》：“木瓜性温味酸，平肝和胃。”《雷公炮炙论》:“调营卫，助谷气。”

2. 去湿舒筋

《日华子诸家本草》:“止吐泻奔豚及脚气水肿，冷热痢，心腹痛，疗渴。”《海药本草》:“敛肝和胃，理脾伐肝，化食止渴。”

一、木瓜作用的现代研究

木瓜含三萜类、苯丙素类、黄酮类、有机酸类、氨基酸、油脂类、甾类等多种化学成分，具有镇痛、抗炎、增强免疫力、保肝、抗胃溃疡与肠损伤、抗肿瘤等药理活性。

木瓜在防止人体肝细胞发生脂变方面起到了积极作用，可以促进人体肝细胞的自身修复；在抗菌方面也有比较突出的作用，对肠道细菌以及葡萄球菌有抑制作用，对肺炎双球菌和结核杆菌的抑制作用最为明显；在抗风湿病方面，木瓜的作用尤为突出，是治疗风湿痹痛的常用中药。

三、木瓜的宜忌体质

1. 适用体质

木瓜味酸、涩，性温，适用需要温补的阳虚体质。《本草纲目》:“木瓜所主霍乱吐利，转筋，脚气，皆脾胃病，非肝病也，肝虽主筋，而转筋则由湿热寒湿之邪，袭伤脾胃所致。”

《雷公炮炙论》中记载木瓜“调营卫，助谷气”，适用于气虚体质和气郁体质。

2.慎用体质

阴虚体质和痰热体质慎用。

四、如何食用木瓜

1.用法用量

蒸煮及煎汤内服，用量7.5～15g；或入丸、散剂。外用煎水熏洗。

2.食疗方

（1）木瓜茶

材料：木瓜2片，桑叶7片代茶，红枣3粒。

做法：将木瓜、桑叶洗净，干磨成粉。红枣去核与其他材料一起放进锅内煲15分钟即可。

服法：当茶食用。

功效：治疗风湿性关节炎痹痛，缓和胃肠平滑肌痉挛等。

（2）木瓜炖肉汤

材料：木瓜50g，肉适量，花生200g，眉豆150g，姜2片，水适量。

做法：将材料洗净放进煲内，水沸后转慢火煲2个小时，加盐即可。

服法：当汤食用。

功效：祛风湿，舒筋活络。

第十四节　火麻仁

火麻仁（如图3-13）别名麻子仁、麻仁、大麻仁、冬麻子、火麻子等，为桑科植物大麻的干燥成熟果实。火麻仁具有润燥、滑肠、通淋、活血、抗衰老等功效，其药理作用广泛，在药品、保健品和化妆品等领域开发潜力大。

图3-13　火麻仁与大麻

一、火麻仁作用的古代观点

火麻仁味甘，性平，归脾、胃、大肠经。麻子带壳入药有毒，火麻仁（麻子种仁）入药无毒。

1.润燥滑肠

《神农本草经》："麻子，味甘平。主补中益气，肥健不老神仙，生川谷。"《日华子诸家本草》："补虚劳，长肌肉，下乳，止消渴，催生；治横逆产。"

2.利水通淋

《本草纲目》："麻仁。甘、平，无毒。主治补中益气。久服，肥健不老，神仙。治中风汗出，逐水气，利小便，破积血，复血脉，乳妇产后余疾。沐发，长润。下气，去风痹皮顽，令人心欢。炒香，浸小便，绞汁服之。"

3.活血

《分类草药性》："治跌打损伤，去瘀血，生新血。"

二、火麻仁作用的现代研究

火麻仁含有丰富的油脂、蛋白质、木脂素酰胺类化合物、酚类物质等，这些丰富的营养和生理活性成分使其具有良好的抗氧化、降血脂、护肝、改善记忆力、增强免疫力、抗疲劳、消脂减肥等作用。

国内开发了火麻仁系列食品，并在国外热销，其食品开发有火麻油、火麻蛋白饮料、火麻奶制品、火麻酒、干果副食品、烹饪及加工配料等，被医药界认为是长寿绿色食品。

火麻仁配伍杏仁、当归、桃仁以润肠通便，治疗便秘、肠易激综合征、溃疡性结肠炎等消化性疾病；配伍麦冬、阿胶、生地黄以滋阴养血，治疗冠心病、病毒性心肌炎等心血管性疾病；配伍决明子、杏仁等以滋阴泻火，治疗阴虚内热型偏头痛、痤疮、甲状腺功能亢进等疾病。

三、火麻仁的宜忌体质

1.适用体质

火麻仁能润燥、益气。适用于气虚和阴虚体质。

《名医别录》:“主中风汗出，逐水，利小便，破积血，复血脉，乳妇产后余疾。”适用于瘀血体质、气郁体质、血虚体质和痰湿体质。

2.慎用体质

《食性本草》:“多食滑精气，妇人多食发带疾。”因此平和体质和特禀体质慎用。

四、如何食用火麻仁

1.用法用量

可蒸煮或熬汤，用量10~15g；生用打碎，或入丸、散；外用：适量，研末、熬油或煮汁涂洗。过量服用火麻仁可发生中毒，表现为恶心、呕吐、腹泻、四肢发麻、烦躁不安、精神错乱、手舞足蹈、脉搏增速、瞳孔散大、甚至昏迷。因此火麻仁的用量一定要适当，不可过度服用。

2.食疗方

(1)火麻仁长寿汤

材料：火麻仁50g，芥菜250g，食盐、味精、花生油各适量，上汤1500mL。

做法：先将火麻仁洗净，与少量水用石磨磨成浆或打汁机打成浆，再用白纱布过滤，去渣取浆；芥菜洗净切成小段，上汤放锅内，大火煮开，放入火麻仁浆和芥菜，煮熟后加入花生油、食盐和味精，调匀即可食用。

服法：当菜汤食用。

功效：绿色长寿食品，2002年经广西烹饪协会评审委员会审定为“广西名汤”。

（2）火麻仁茶

材料：火麻仁15g，白糖少许。

做法：将火麻仁洗净炒香，研碎，加水300mL，煎沸后去渣取汁，加入白糖搅匀，稍温即可饮用。

服法：当茶饮用。

功效：润燥滑肠，滋养补虚。

第十五节　代代花

代代花（如图3-14）别名为玳玳花、酸橙花、回青橙花等，为芸香科植物代代花的干燥花蕾。代代花始载于《开宝本草》，是具有药用、食用、美化、绿化作用于一体的植物。由于代代花含有挥发油、黄酮等成分，广泛应用于香精、香料、化妆品生产中，未来在开展代代花食疗、治疗抑郁症及代代花茶饮品方面会有较大的发展空间。

图3-14　代代花

一、代代花作用的古代观点

代代花味甘、微苦，性平，归肝、胃经。用于治疗胸腹满闷胀痛、食积不化、痰饮、胃下垂、脱肛、子宫脱垂等病证。

1.行气宽中

《本草汇言》：“能除诸热，滑利能导积滞，善治赤白积痢，干涩不通，下坠欲解而不解。”

2.消食化痰

本品可治腹痛，胃病。理气宽胸，开胃止呕。

二、代代花作用的现代研究

代代花中含有精油、黄酮和生物碱等活性物质，此外还含有多种苷类化合物及丰富的维生素类，人体必需氨基酸，纤维类，香豆素类以及矿物质类等。代代花具有抗炎、抗病毒、抗肿瘤、提高胃肠动力、抗氧化等药理作用。代代花精油可以在天然抗氧化剂及食品保鲜、护肤等方面进行开发。

三、代代花的宜忌体质

1.适用体质

《浙江药用植物志》:“主治气郁不疏、胃脘作痛、脘腹胀痛。”本品适用于气郁体质、瘀血体质和阴虚体质。

《饮片新参》:“理气宽胸，开胃止呕。”适用于痰湿体质。

2.慎用体质

阳虚体质慎用。

四、如何食用代代花

1.用法用量

熬汤或泡茶，每次1.5~2.5g。

2.食疗方

（1）沐春茶

材料：代代花15g，茵陈20g，金银花10g，莱菔子15g，淡竹叶15g，甘草10g，炒山楂10g，清茶500g。

做法：将上述材料泡茶。

服法：当茶饮用。

功效：消食化痰。

（2）三花饮

材料：合欢花、代代花、玫瑰花各10g。

做法：将上述材料泡茶。

服法：当茶饮用。

功效：安神。

（3）瘦身茶

材料：代代花、桃花、柠檬、荷叶、洛神花、决明子、山楂、冬瓜皮各10g。

做法：将上述材料泡茶。

服法：当茶饮用。

功效：消食，利水，减肥。

第十六节　玉竹

玉竹（如图3-15）为百合科黄精属植物玉竹的干燥根茎，

图3-15　玉竹

别称萎、葳蕤、地管子、尾参、铃铛菜，是我国传统大宗药材，也是东北地区重要的道地药材之一。除作为中药处方的配伍药材外，玉竹还在保健品和护肤品方面有开发价值。《本草纲目》："处处山中有之。其根横生似黄精，差小，黄白色，性柔多须，最难燥。其叶如竹，两两相值。"

一、玉竹作用的古代观点

玉竹味甘，性微寒，归肺、胃经。玉竹具有滋阴润肺、益胃生津之功效，用于治疗肺胃阴伤、燥热咳嗽、咽干口渴、内热消渴等证。

1.滋阴润肺

《日华子诸家本草》："除烦闷，止渴，润心肺，补五劳七伤，虚损，腰脚疼痛，天行热狂。"养阴清肺润燥。治阴虚、多汗、燥咳、肺痿。

2.益胃生津

《神农本草经》："主中风暴热，不能动摇，跌筋结肉，诸不足。"《本草纲目》："主风温自汗灼热，及劳疟寒热。"

二、玉竹作用的现代研究

玉竹主要成分包含多糖、氨基酸等物质，同时还含有少量的生物碱和鞣质等成分。玉竹具有调节血糖、提升机体免疫力、抑菌、护肝、抗氧化、抗疲劳、抗炎、抗衰老和止咳等作用。

玉竹用于治疗阴虚感冒，常与桔梗、白薇、淡豆豉等同用；用于治疗肺胃燥热，常与石膏、生地黄、葛根等配伍用；用于治疗虚劳干咳，多与款冬花、百合、枇杷叶等同用；用治疗热病损伤阴液，可与沙参、麦冬、生地黄、冰糖同用。

三、玉竹的宜忌体质

1.适用于阴虚体质、气虚体质和痰热体质

《滇南本草》："补气血，补中健脾。"本品适用于阴虚体质、气虚体质和痰热体质。

本品适用于治疗干燥、内热的体质。

《神农本草经》："主中风暴热，不能动摇，跌筋结肉，诸不足。"本品适用于气郁体质。

2.慎用体质

《药材学》："味甘，性微寒。"生冷伤脾阳，因此，没有肺系疾病的平和体质、阳虚体质和特禀体质者慎服。

四、如何食用玉竹

1.用法用量

清炒或煮汤，6～12g；熬膏、浸酒或入丸、散；外用：适量，鲜品捣敷；或熬膏涂。

2. 食疗方

（1）玉竹银耳汤

材料：鲜玉竹、银耳、冰糖各10g。

做法：将玉竹洗净切片，银耳用水发开择净，加清水适量，一同炖至银耳熟后，加入冰糖服用。

服法：当菜汤食用。

功效：玉竹能养阴、润燥、清热、生津、止咳，银耳能滋补生津、润肺养胃，二者合用可调理津少口渴。

（2）玉麦鸡片

材料：鸡胸肉200g，玉竹片、麦冬粒各6g。

做法：鸡胸肉切薄片，玉竹片及麦冬粒用开水泡半小时，鸡胸肉用调料腌好味，再加入玉竹片和麦冬粒稍入味，下油锅爆熟。

服法：当菜肴食用。

功效：养心安神，滋阴健脾。

第十七节　甘草

甘草（如图3-16）是豆科植物甘草属的根及根茎，是一味常用的重要中药材。《本草纲目》中所释“诸药中甘草为君，治七十二种乳石毒，解一千二百草木毒，调和众药有功，故有‘国老’之号。”本品分生甘草和炙甘草两种入药用，生甘草能清热解毒，润肺止咳，调和诸药性；炙甘草能补脾益气。

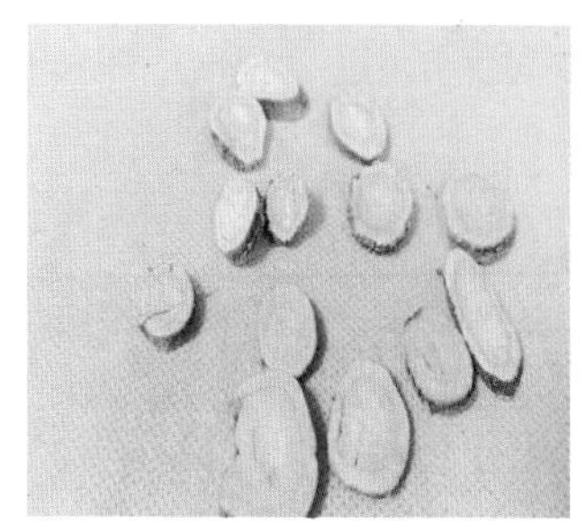

图3-16 甘草

一、甘草作用的古代观点

甘草味甘，性平，归脾、胃、心、肺经。甘草具有主五脏六腑寒热邪气，坚筋骨、长肌肉、倍气力、金疮肿、解毒之功效。

1.清热解毒

《名医别录》："甘草，无毒。主温中，下气，烦满，短气，伤脏，咳嗽，止渴，通经脉，利血气，解百药毒。"

2.润肺止咳

《汤液本草》："治肺痿之脓血，而作吐剂；消五发之疮疽，与黄芪同功。"《张氏医通》："凡用补中，病热已退，升、柴不可用也；若大便燥结，小便不利，或平常见此证，此清气下陷，补中虽数贴无妨；如热甚不去者，甘草少故也。"

3.调和诸药

《本草汇言》："健脾胃，补中气之虚羸；协阴阳，和不调之营卫。”《汤液本草》：“甘味入中，有升降浮沉，可上可下，可外可内，有和有缓，有补有泻，居中之道尽矣。”

二、甘草作用的现代研究

甘草主要化学成分以三萜皂苷类和黄酮类为主，尚有香豆素、生物碱、氨基酸、挥发性成分和多糖等。

甘草的药理作用涉及调节机体免疫、抗菌、抗病毒、抗炎、抗变态反应、抗溃疡、镇咳、祛痰、解痉、保肝、解毒等作用。一般炙甘草药性偏温，功效偏润肺和中，主治脾胃功能减弱、大便溏薄、心悸等证；生甘草药性偏凉，功效偏清热解毒，主治咽喉肿痛、痈疽疮疡、药毒等。甘草和热药同用，能缓和药物过热之性；和大寒药物同用，能缓和药物过寒之性；和大补药物同用，可使药物补力缓和；和毒性大的药物同用，可以缓和药物毒性。使用甘草要注意用量，过量的甘草会使尿量及钠的排出减少，身体会积存过量的钠（盐分）引起高血压，水分储存量增加，会导致水肿。

三、甘草的宜忌体质

1.适用体质

李杲曰：“甘草气薄味厚，能升能降，为阴中的阳药。”临床上认为炙甘草具有调理阴阳、气血双补的功效，对于气血两亏、阴阳失调者，疗效颇佳。适用于阳虚体质、血虚体质、气虚体质和阴虚体质。

2.慎用体质

《本草经疏》："诸湿肿满及胀满病，皆不宜服。"因此气郁体质、痰湿体质和痰热体质慎用。

四、如何食用甘草

1.用法用量

煎汤内服，2.5～15g；外用煎水洗。

2.食疗方

（1）甘草酸梅汤

材料：甘草10g，乌梅20g。

做法：将甘草、乌梅放入煲内，加水适量，水煎15分钟后放温饮用。

服法：当汤食用。

功效：敛汗，提高食欲。

（2）蜂蜜参楂汤

材料：蜂蜜30mL，丹参、山楂各15g，檀香9g，炙甘草3g。

做法：将前述材料后4味中药入锅，加水，煎煮40分钟，然后滤取药液，再放入蜂蜜搅匀，继续煎煮5分钟即可。

服法：当汤饮用，分早晚各服用1次，每日1剂，连续15日为1个疗程。

功效：活血化瘀，疏肝健脾。

第十八节　白芷

白芷（如图3-17）为伞形科植物白芷或杭白芷的干燥根，别称香白芷。除供药用外，白芷还被广泛用于食品、美容保健品、日用化工、化妆品和香料等方面。

图3-17　白芷

一、白芷作用的古代观点

白芷性温，味辛、微苦，归肝、肾、膀胱经。白芷具有祛风、除湿、通窍、行气、止血、美容、消痈散结、托毒排脓和生肌止痛等作用。

1.散风除湿

《神农本草经》：“妇人漏下赤白，血闭阴肿，头风侵目，泪出。”《滇南本草》：“祛皮肤游走之风，止胃冷腹痛寒痛，周身寒湿疼痛。”

2. 通窍止痛

《本草纲目》：“治鼻渊、齿痛、眉棱骨痛，大肠风秘。”

3. 消肿排脓

《大明本草》：“治乳痈发背，瘰疬肠风，痔漏疮痍疥癣，止痛排脓。”

二、白芷作用的现代研究

白芷中的主要药效成分为挥发油和香豆素类、生物碱类、多糖类、黄酮类等，现代药理学研究表明，白芷有解热、镇痛、抗炎、抗肿瘤、抑制病原微生物、美白、抗皮肤氧化、调节中枢神经、改善血液流变、降血糖等多种作用。临床上多用于治疗头痛、心血管、风湿等疾病，尤其对阳明经头痛效果显著。

三、白芷的宜忌体质

1. 适用体质

本品适用于需要温补的阳虚体质，也适用于气郁体质和瘀血体质。《日华子诸家本草》中提到“白芷破宿血”。

2. 慎用体质

《本草害利》：“白芷燥能耗血，散能损气，有虚火者忌。凡呕吐因于火者禁用。漏下赤白，由阴虚火炽，血热所致者勿用。痈疽已溃，宜渐减。”因此阴虚体质慎用。

四、如何食用白芷

1.用法用量

煎汤内服，4～10g；或入丸、散剂；外用研末或调敷。

2.食疗方

（1）白芷多宝鱼汤

材料：白芷15g，多宝鱼1条，姜3片，蛋清30g，水淀粉2勺，胡椒粉小半勺、盐、料酒适量。

做法：多宝鱼洗净，削下鱼肉，用胡椒粉、盐、水淀粉、蛋清、料酒抓匀；热锅热油，入姜片爆香；下入鱼骨每面略煎1分钟；加入足量的清水和白芷一起煮滚，转小火继续煲15分钟，再转旺火，一片片下入腌制好的多宝鱼片，不要用力翻动，以免弄碎鱼肉；再煮到沸，维持火力3分钟，加盐调味即可。

服法：当汤食用。

功效：调养气血，淡化色素，活血祛斑。

（2）白芷当归鲤鱼汤

材料：白芷15g，黄芪12g，当归、枸杞子各8g，红枣4个，新鲜鲤鱼1条，生姜3片。

做法：各药材洗净，稍浸泡，红枣去核；鲤鱼洗净，去肠杂等，置油锅慢火煎至微黄。与生姜放进瓦煲中，加入清水2000mL，大火煲沸后，改为小火煲约1.5小时，调入适量食盐即可。

服法：当汤食用。

功效：通经活血，滋补肝肾，散风除湿，通窍止痛，消肿排脓。

第十九节　白果

白果（如图3-18）别名银杏、灵眼、鸭脚子，为银杏科植物银杏的干燥成熟种子，味道甘美，营养丰富，可以制作名贵的药膳，也能制作成多种名贵糕点和多种罐头或其他加工食品，有“植物元老”之美称。

图3-18　白果

一、白果作用的古代观点

白果味甘、苦、涩，性平，有毒，入肺、肾经。治哮喘、咳嗽、白带白浊、遗精、淋病、小便频数等。

1.敛肺定喘

《医学入门》：“清肺胃浊气，化痰定喘，止咳。”《本草再新》:“补气养心，益肾滋阴，止咳除烦，生肌长肉，排脓拔毒，消疮疥疽瘤。”《本草便读》:“上敛肺金除咳逆，下行湿浊化痰涎。”

2. 止带缩尿

《品汇精要》:“煨熟食之，止小便频数。”《本草纲目》:“熟食温肺益气，定喘嗽，缩小便，止白浊；生食降痰，消毒杀虫；（捣）涂鼻面手足，去皶泡（鼻子上的小红疱），䵟暗（西医学亦称“雀斑”），皴皱（起皱纹）及疥癣疳匿、阴虱。”

二、白果作用的现代研究

白果的化学成分主要有黄酮类化合物、萜内酯类化合物、酚酸类化合物、有机酸类化合物，现代临床应用主要采用白果炮制品，如白果作佐使药可收敛止带，作臣药可燥湿止带、缩小便，作君药可平喘；与抗生素联用可治疗肺源性心脏病。

药理上，白果的作用主要体现在三方面：一是循环系统，用于心脑血管方面的疾病；二是呼吸系统，可用于治疗止咳定喘清肺；三是抗菌作用，可利尿，用于治疗女性带下等。具体而言，白果具有通畅血管、改善大脑功能、延缓中老年人大脑衰老、增强记忆力、抗衰老、抑菌、治疗老年痴呆症和脑供血不足等功效。

三、白果的宜忌体质

1.适用体质

《医学入门》:“清肺胃浊气，化痰定喘，止咳。”本品适用于治疗咳嗽气喘的阳虚体质。本品适用于气虚和阴虚体质，宜熟食，《本草再新》:“补气养心，益肾滋阴，止咳除烦，生肌长肉，排脓拔毒，消疮疥疽瘤。”本品适用于痰湿体质和痰热体质，《本草便读》:“上敛肺金除咳逆，下行湿浊化痰涎。”

2.慎用体质

白果有毒，平和体质慎用。《滇南本草》记载白果“不可多食，若食千枚，其人必死，多食壅气发胀而动风”，故白果不宜多吃，更不宜生吃。白果内所含的氢氰酸具有毒性，中毒症状轻者表现为全身不适、嗜睡，重者表现为呕吐、抽筋、嘴唇青紫、恶心、呼吸困难等。中毒轻者喝浓茶或咖啡，卧床休息可康复，重者应送医院救治。

四、如何食用白果

1.用法用量

炖汤内服，5～10g，打碎；或入丸、散剂。生用毒性大，炒用毒性减弱。入药时须去除外层种皮以及内层的薄皮和芯芽。

2.食疗方

（1）白果仁糯米粥

材料：红糯米、白糯米各160g，百合、白果仁各45g，植物油少许，冰糖60g。

做法：糯米淘洗，洗净后浸泡30分钟；白果洗净，煮熟待用；砂锅中倒入适量清水，加入糯米、少许油，大火煮开后转小火煮25分钟；煮好之后放入百合，小火续煮10分钟，放入白果再煮5分钟，加入冰糖溶化。

服法：当粥食用。

功效：补肾固涩，止带缩尿。

（2）白果粥

材料：白果10g，粳米100g。

做法：将白果去壳取仁，去芯捣碎，与洗净的粳米同加水适量，煮至稀稠适当即可。

服法：每日1剂，随食服用。

功效：止咳平喘，止带缩尿。

第二十节　白扁豆

白扁豆（图3-19）为豆科植物扁豆的干燥成熟种子，全国大部分地区均有产出，在秋冬两季采收成熟的果实，通过晒干、取出种子、再晒干，最终得到白扁豆，白扁豆在我们的日常生活中应用十分广泛，以白扁豆为成分之一的八宝粥，其成分包括白扁豆、芡实、薏苡仁、莲肉、山药、红枣、桂圆、百合，有健脾胃、补气益肾、养血安神的功效。

图3-19　白扁豆及烘干成品

一、白扁豆作用的古代观点

白扁豆味甘，性微温，无毒，入脾经。

1. 健脾益气

《雷公炮制药性解》："主补脾益气。"白扁豆性温而不燥，可以健脾益气补虚。脾主运化水谷，脾失健运则水湿内生，常常表现为舌有齿痕、舌苔厚腻、食欲不振、大便黏腻不爽。

2. 调和中焦而止呕、止泄

《玉楸药解》："培中养胃，住泄止呕，补土治泄，亦良善之品也。"《得配本草》："甘、淡，入足太阴经气分。调和脾胃，通利三焦……治霍乱，疗呕逆，止泄泻。"

3. 化湿止带，清暑

《本草新编》："下气和中……善治暑气。"《本草备要》：

“甘温腥香，色白微黄，脾之谷也。调脾暖胃，通利三焦，降浊升清，消暑除湿，止渴止泻，专治中宫之病。”本品能够健脾化湿，调和中焦而消除暑气，暑邪多夹湿，白扁豆既能健脾燥湿又能够清暑益气，乃夏月伤暑之良药。《随息居饮食谱》：“赤白带下，白扁豆为末，米饮下，每服二钱。”带下病是由于外感湿邪或者是脾肾亏虚成湿所导致的，白扁豆可燥湿止带。

二、白扁豆作用的现代研究

白扁豆的化学成分主要含有碳水化合物、蛋白质、脂肪、维生素、微量元素、泛酸、络氨酸酶、膜蛋白酶抑制物、淀粉酶抑制物、血球凝集素A、血球凝集素B等。

有研究发现白扁豆对于痢疾杆菌有抑制作用，对食物中毒所引起的急性肠胃炎、呕吐等症状有解毒作用。健脾止泻宁颗粒（组成有党参，莲子，白扁豆等）治疗小儿脾虚湿热型急性腹泻60例，结果显示健脾止泻宁颗粒治疗小儿脾虚湿热型腹泻安全有效，且疗效优于小儿速泻停颗粒组。白扁豆凝集素和糖肽类生物活性因子可以选择性抑制肿瘤病毒，缓解癌性疼痛。

三、白扁豆的宜忌体质

1.适用体质

白扁豆是健运脾胃、补脾化湿的良药。适用于阳虚和气虚体质，白扁豆为甘温补益之品，可以健脾益气补虚。

2.慎用体质

气郁体质慎用，《本草从新》：“中和轻缓，故无禁忌，然多食能壅气，伤寒邪炽者勿服。”

四、如何食用白扁豆

1.用法用量

白扁豆无毒，可炖煮，常规剂量可用至9～15g，多者可用至30～60g，鲜品加倍。《随息居饮食谱》：“患疟者忌之。”

2.食疗方

（1）白扁豆粥

材料：白扁豆60g（鲜品加倍），粳米100g。

做法：将白扁豆、粳米同煮成粥。

服法：常规饮食。

功效：健脾益气。

（2）炒白扁豆

材料：白扁豆适量。

做法：取白扁豆，去除杂质，用火炒至微黄色。

服法：炒熟的白扁豆也可磨成粉用开水或米汤水调服。

功效：健脾燥湿。

第二十一节　白扁豆花

白扁豆花（图3-1-20）为扁豆之花，七八月间采收豆科植物扁豆未完全开放的花，晒干或阴干而成，花以朵大、色黄白、气香者为佳。

图3-20　白扁豆花及干燥成品

一、白扁豆花作用的古代观点

白扁豆花味甘，性平，无毒，归脾、胃经。本品消补兼施。

1.消暑化湿，止泻痢、带下

《本草便读》："扁豆花赤者入血分而宣瘀，白者入气分而行气，凡花皆散，故可消暑散邪，以治夏月泄痢等证也。"临床上往往取以配解暑之品，如鲜荷叶、香薷等同用。《本草图经》："主女子赤白带下，干末，米饮和服。"

2.活血祛瘀

《本草便读》："扁豆花赤者入血分而宣瘀，白者入气分而行气，凡花皆散，故可消暑散邪，以治夏月泄痢等证也。”

二、白扁豆花作用的现代研究

现代药理研究表明，扁豆花富含蛋白质、维生素B及维生素C，对治疗细菌性痢疾有良效，临床中慢性胃炎患者偶见大便溏泄，四肢沉重无力，此时用扁豆花化湿和胃可取良效。

三、白扁豆花的宜忌体质

本品适用于痰湿、湿热和气虚体质，白扁豆花与白扁豆功效大致相似，故可以参考白扁豆的适用体质。也适用于气郁和瘀血体质。

四、如何食用白扁豆花

1.用法用量

本品可以做菜食用，或煎汤，用量不限。外用：适量，研末敷。

2.食疗方

（1）白扁豆花汤

材料：干白扁豆花100g。

做法：煎汤。

服法：当汤饮用。

功效：治疗细菌性痢疾。

（2）白扁豆花末

材料：白扁豆花（紫色勿用）适量。

做法：用白扁豆花，焙干为末。

服法：用米汤送服。

功效：治妇人血崩。

（3）白扁豆药膳

材料：山药5g，白扁豆花2.5g。

做法：放入清水中煮20分钟左右，去渣，加入粳米适量，煮熟加白砂糖调味即可。

服法：用米汤送服，或泡茶喝。

功效：健脾和胃，消暑化湿。

第二十二节　龙眼肉

龙眼肉（图3-21），也就是桂圆，是将鲜龙眼烘成干果，气香，味浓甜而特殊。

图3-21　龙眼肉及干燥成品

一、龙眼肉作用的古代观点

龙眼肉味甘，性温，无毒，入心、脾二经。

1.补益心脾

《雷公炮制药性解》："龙眼甘温之品，脾家所悦。心者脾之母也，母无顾子之忧，则心血可。"

2.养血安神

龙眼肉有滋生心血、养血安神的功效，能够治疗由于思虑过度、心脾两伤导致的心虚怔忡、寝不成寐。补益心脾的归脾汤亦用到龙眼肉。

《医学衷中参西录》："一少年心中怔忡，夜不能寐，其脉弦硬微数，知其心脾血液短也，俾购龙眼肉，饭甑蒸熟，随便当点心，食之至斤余，病遂除根。"

二、龙眼肉作用的现代研究

龙眼肉主要含有葡萄糖、果糖、蔗糖、腺嘌呤、胆碱等，还含有蛋白质、有机酸、脂肪以及维生素B_1、维生素B_2、维生素P、维生素C等成分。

龙眼肉具有抑制人体脑内B型单胺氧化酶（MAO-B）活性，具有缩短机体老化过程的作用，龙眼肉可以显著增强免疫系统的作用，具有改善记忆力的功效。

三、龙眼肉的宜忌体质

1.适用体质

本品适用于阳虚体质和气虚体质，龙眼肉性味甘温，为补益心脾的要药，能滋生心血，又能保合心气。味甘入脾，又能滋补脾血。由于气血亏虚导致的心神失养出现心悸怔忡、寝不成寐，皆可应用龙眼肉来补益气血。

2.慎用体质

阴虚体质、痰湿体质和湿热体质慎用。凡湿阻中满或有停饮、痰、火者忌服。孕妇体内多有热，不宜大量使用；小儿脏腑功能还未健全，不宜食用偏热偏寒的食品，龙眼肉偏温故不宜大量使用；龙眼肉含糖量高，故糖尿病患者不宜食用。

四、如何食用龙眼肉

1.用法用量

龙眼肉无论是煲汤或是直接吃，味甜鲜美，是老百姓平常最喜爱的滋补食材之一。可当水果食用，常规1次6枚左右，每天3次左右。

2.食疗方

（1）龙眼肉米粥

材料：龙眼肉15g，红枣3～5枚，粳米2两。

做法：一同煮粥，如爱好食甜食者，可加白糖少许。

服法：代餐服用。

功效：补益心脾，养血安神。

（2）龙眼沙参麦冬饮

材料：龙眼肉10g，沙参10g，麦冬10g，冰糖适量。

做法：用开水冲泡。

服法：当饮品服用。

功效：养心安神，清热润肺，养阴生津。

第二十三节　杏仁

杏仁（图3-22）是蔷薇科杏的种子，是治疗咳嗽气喘的重要药物。杏仁分为两类：一类是药用杏仁，正名为苦杏仁，又称为北杏仁；一类是食用杏仁，俗称甜杏仁，又叫南杏仁。二者来源相近，主要区别在于味道有苦、甜之分，功效有差别。苦杏仁偏向降气止咳，甜杏仁偏向润肺止咳。

图3-22　杏仁及干燥成品

一、杏仁作用的古代观点

杏仁苦，微温，有小毒，归肺、大肠经。

1.润肺化痰止咳

杏仁味苦能燥，能化痰饮，治虚劳咳嗽气喘。《四川中药志》：“能润肺宽胃，祛痰止咳。”苦杏仁性属苦泄，长于治喘咳实证；甜杏仁偏于滋润，多用于肺虚久咳。

2.润肠通便

孙思邈曰：“杏仁作汤，如白沫不解者，食之令气壅身热；汤经宿者，动冷气。”

二、杏仁作用的现代研究

（一）苦杏仁

苦杏仁中含有苦杏苷、脂肪油、苦杏酶、苦杏仁苷酶、樱叶酶、氨基酸、多种维生素及矿物质元素等，另外苦杏仁中还含有黄酮等多酚类成分。

1.镇咳平喘作用

苦杏仁苷在人体内分解，产生微量的氢氰酸，氢氰酸可对呼吸中枢产生抑制作用，使呼吸运动趋于平缓，从而起到镇咳平喘的作用。

2.抗肿瘤作用

苦杏仁苷进入血液能够对癌细胞进行靶向清除，而对健康细胞不产生不良反应，且苦杏仁中的矿物质元素可能与抗癌作用有关。

3.对多个系统的作用

苦杏仁味苦下气，有实验证明苦杏仁苷对慢性胃炎、胃溃疡具有较好的抑制和治疗作用，具有显著的抗肾纤维化作用，并能促使人肾纤维细胞凋亡；苦杏仁油中的杏仁蛋白及其水解产物有明显的降血脂作用。

（二）甜杏仁

甜杏仁主要成分是脂肪酸（包括单不饱和脂肪酸和多不饱和脂肪酸）、氨基酸、膳食纤维、蛋白质、维生素（富含维生素E）和矿物质（如钙、镁、钾）等。现代研究表明甜杏仁中还含有多元酚酸类、黄酮类等抗氧化活性成分，具有多样生物活性。

1.保护肝脏

用4种不同的甜杏仁皮提取物并对其保护肝细胞的潜力进行考察，结果显示4种甜杏仁提取物均对肝细胞有保护作用。

2.降血压

模拟胃肠消化实验，推测食用杏仁可能具有一定的降血压效果。

3.调节血糖水平和胰岛素分泌

通过一项随机、对照的交叉试验研究甜杏仁对非糖尿病高血脂患者胰岛素分泌的影响，结果显示全剂量甜杏仁组较半剂量甜杏仁组较对照组有效。

甜杏仁含油量大于苦杏仁，苦杏仁苷少于苦杏仁或不含苦杏仁苷，因此，甜杏仁的毒性比苦杏仁要小得多。

三、杏仁的宜忌体质

1.适用体质

苦杏仁味苦能燥湿，适用于痰湿体质；甜杏仁能润肺化痰，适用于阴虚体质。

2.慎用体质

气虚体质慎用。甜杏仁润肠通便的作用强于苦杏仁，患有慢性肠炎、慢性腹泻、脱肛、子宫下垂等气虚气陷者忌用。

四、如何食用杏仁

1.用法用量

苦杏仁个小、味苦有小毒，常作药用，甜杏仁大而扁，味甜无毒，适用于食疗。苦杏仁常规用5～10g，甜杏仁可以适当加大用量。杏仁中毒主要表现为氰化物中毒，症状可轻可重，可以表现为神经系统、呼吸系统以及消化系统症状。

2.食疗方

（1）杏仁雪梨汤

材料：杏仁10g，雪梨1个。

做法：上述用料洗净，放入锅内，隔水炖1小时，然后以冰糖调味。

服法：食雪梨、饮汤，代茶饮用。

功效：清热润肺，化痰平喘。

（2）杏仁薏仁粥

材料：杏仁10g（去皮、尖），薏苡仁15g，橘皮3g，小米60g。

做法：上述用料洗净，放入砂锅，加适量清水，大火煮沸，小火熬煮成粥。

服法：直接食用。

功效：止咳化痰，利水消肿。

第二十四节　决明子

决明子（图3-23）是豆科植物决明或小决明的干燥成熟种

图3-23　决明子及炒干成品

子，因其有明目之功而名。随着年龄的不断增大，中老年人最容易出现肝肾亏虚所导致的视物昏花、迎风流泪等毛病，决明子在这一疾病上能起到良好效果。

一、决明子作用的古代观点

决明子味甘、苦、咸，性寒，归肝和大肠经。

1.清肝明目，主治眼病

决明子能清除肝经的热邪，肝开窍于目，故决明子为治疗眼科的要药。《神农本草经》："主青盲，目淫，肤赤，白膜，眼赤痛，泪出。久服益精光。"《雷公炮制药性解》："主青盲赤白翳膜，时有泪出，除肝热……决明专入厥阴，以除风热，故为眼科要药。"

2.补益肝肾，止眩晕

决明子清泻肝火、平抑肝阳，可用于治疗肝火上攻，肝阳上亢之头痛眩晕。《本草经疏》："久服益精光者，益阴泄热、大补肝肾之气所致也。"

二、决明子作用的现代研究

决明子主要含大黄酚、大黄素，大黄素甲醚，大黄酸，橙黄决明素，美决明子素等蒽醌类化合物。决明子正己烷部位具有显著的抗光氧化作用，能够抑制一种经光诱导形成的吡啶类视黄醇（A_2E）在视网膜色素上皮细胞的沉积，有望改善中老年人眼部黄斑变性。决明子能够降低前房房水中乳酸脱氢酶水平及眼内压，可能改善青光眼。决明子具有一定的降血脂功能。决明子乙醇提取物具有抗氧化作用，具有保肝护肝作用。

三、决明子的宜忌体质

1. 适用体质

决明子适用于阴虚体质和湿热体质，中老年人年高体虚，常表现为肝肾亏虚，《黄帝内经》：“七八，肝气衰，筋不能动，天癸竭，精少，肾脏衰，形体皆极。”肝肾之精不足，脑窍失养，而肝阳上亢上扰清窍，常出现腰膝乏力、头晕耳鸣。决明子能补益肝肾，其性寒能平抑肝阳，可与山茱萸、熟地黄、枸杞子等配伍滋补肝肾。肝开窍于目，肝经有热循经上扰目，则可表现为目赤肿痛、视物模糊、迎风流泪等症状。决明子入肝经，能清泻肝火，清肝明目。

2. 慎用体质

气虚和阳虚体质慎用。决明子味苦通泄，性寒滑利，如果大量使用，容易伤害脾胃的阳气，加重便溏症状。

四、如何食用决明子

1. 用法用量

常规用量9～15g。有多种食用方法。

2.食疗方

（1）决明子粥

材料：决明子15～20g。

做法：先把决明子放入锅内炒至微有香气，取出，待冷后煎汁，去渣，放入粳米煮粥，粥将熟时，加入冰糖。煮一二沸。

服法：直接食用。

功效：适用于治疗高血压、高脂血症以及习惯性便秘等。

（2）杞菊决明子茶

材料：枸杞子、菊花、决明子若干。

做法：将枸杞子、菊花、决明子同时放入较大的有盖杯中，用沸水冲泡，加盖，闷15分钟后可开始饮用。

服法：代茶饮用。

功效：清肝泻火，养阴明目，降压降脂。

第二十五节　百合

百合（图3-24）为百合科百合属多年生宿根草本植物，是著名的观赏花卉之一，其花形雅致，幽香四溢，人们常把她当作纯洁、光明和自由的象征。同时，百合又是著名的保健食品和常用中药，具有较高的营养价值和防病治病功能。其地下鳞茎呈球形，鳞片洁白，层层叠叠，紧紧相抱，似百片合成，状如白莲花，故得“百合”之名，取其“百事合意”“百年好合”之意。

图3-24　百合及干燥成品

一、百合作用的古代观点

百合味甘，性微寒，入心、肺两经。

1.补虚益气，祛邪

百合味甘能补，补虚损益气，其性寒能够清邪热，扶正又能够祛邪。《神农本草经》：“补中益气。”《本草述》：“百合之功，在益气而兼之利气，在养正而更能去邪。”

2.滋阴润肺

《长沙药解》：“入手太阴肺经。凉金泻热，清肺除烦。”百合色白入肺经，性微寒善于养阴润燥。故可用于阴虚肺燥、肺热引起的干咳少痰、咯血、咽干音哑等症。

3.清心安神

《雷公炮制药性解》：“润肺宁心，定惊益志。”《日华子诸家本草》：“安心，定胆，益志，养五脏。”百合可入心经，养阴清心，可用于治疗阴虚内热，心烦不寐等症。

二、百合作用的现代研究

百合中含有百合苷，有镇静催眠作用，能明显改善睡眠质量，缩短入睡时间。百合中含有蛋白质和水溶性多糖（BLIP）、氨基酸，经常食用能显著增强机体活力，增强免疫功能。百合能增强气管分泌，增加酚红排出量而起到化痰作用。百合能明显提高常压耐缺氧时间，对心肌缺血及脑缺氧有改善作用。百合膳食纤维有润肠道、通便的功效，能缩短排便时间，提高粪便含水率，增加小肠推进率，所以能改善便秘。百合有止血作用，对外伤出血、消化道出血、鼻衄及鼻息肉切除后的出血都有效果。

三、百合的宜忌体质

百合可作为常规饮食，对体质无严格限制，但下列体质更适用。气虚和阴虚体质，百合功效主要是养阴润肺，更可扶助正气而不滞留邪气，其性寒可以祛除肺中的邪热。治疗肺虚久咳，劳嗽咯血的百合固金汤即以百合为主药。还有气郁和湿热体质，《本草经疏》：“百合，主邪气腹胀。所谓邪气者，即邪热也。邪热在腹故腹胀，清其邪热则胀消矣。”

四、如何食用百合

1.用法用量

百合作为日常使用的食材，做法简单，可生食，也可以煲汤、熬粥或清炒，而且其性平可以作为保健食材长期食用。

2.食疗方

（1）蜜炙百合

材料：百合50g左右，鲜品加倍。

做法：蜜炙。

服法：当零食吃。

功效：润肺止咳。

（2）牛奶百合饮

材料：鲜百合或泡开百合50g，牛奶300mL，水100mL。

做法：百合打浆入锅，加入水、牛奶煮开之后，再用小火熬三五分钟之后即可食用。

服法：当饮品饮用。

功效：养心安神。

（3）百合汤

材料：鲜百合或者是泡开百合50g，梨50g，蜂蜜50g，银耳50g。

做法：百合、梨、银耳一同炖煮，待熬至烂熟之后加入蜂蜜即可食用。

服法：当菜汤食用。

功效：清热解毒，养阴润肺止咳。

第二十六节　肉豆蔻

肉豆蔻（图3-25）为肉豆蔻科植物肉豆蔻的种子。肉豆蔻为热带著名的香料和药用植物。冬、春两季果实成熟时采收。

图3-25　肉豆蔻及干燥成品

一、肉豆蔻作用的古代观点

肉豆蔻味辛，性温。归脾、胃、大肠经，有温中涩肠、行气消食的功效。主治虚泻、冷痢、脘腹胀痛、食少呕吐、宿食不消等。

1.暖脾胃，固大肠

《玉楸药解》："味辛，性温，气香，入足太阴脾经、足阳明胃经，温中燥土，消谷进食，善止呕吐、最收泄利，治寒湿腹痛，疗赤白痢疾。"《雷公炮制药性解》："脾胃寒弱，宿食不消，虚冷泻痢，小儿伤乳吐泻，尤为要药。”

2.行气和中止呕

《本草求真》：“肉豆蔻之辛温。理脾胃而治吐利。行滞治臌消胀。”《本经逢原》：“肉豆蔻辛香，入手足阳明，温中补脾，宽臌胀，固大肠，为小儿伤乳、吐逆、泄泻之要药。”

二、肉豆蔻作用的现代研究

肉豆蔻的主要化学成分是去氢二异丁香酚、香桧烯、α-蒎烯、β-蒎烯、松油-4-烯醇、γ-松油烯、肉豆蔻醚等。

1.抗癌作用

肉豆蔻具有良好的抗癌活性，对结肠癌细胞、肺癌细胞等具有明显的抑制作用。

2.保肝作用

从肉豆蔻种子中提取出的木酯素能通过细胞外调节蛋白激酶（ERK）磷酰化和依赖AMPK（AMP依赖的蛋白激酶）抑制糖原合成酶激酶-3(GSK-3)活性，从而激活Nrf2/ARE通道，保护肝脏细胞的过氧化伤害。

3.促红细胞生成

肉豆蔻醇溶液提取物能显著增加甲状腺素浓度，减少血清铁含量及总铁结合力，长期服用能显著促进小鼠红细胞和血小板的生成，对铁蛋白、白细胞无影响，肝酶活性、尿素氮、血肌酐浓度在实验阶段并没有增加。

三、肉豆蔻的宜忌体质

1. 适用体质

肉豆蔻能暖脾胃、固大肠、止泻痢。适用于阳虚体质和气郁体质。

2. 慎用体质

阴虚体质和湿热体质慎用。肉豆蔻辛温助热，过量使用会伤津液，可助邪气。

四、如何食用肉豆蔻

1. 用法用量

5～6g煎汤，该品用量不宜过大，过量可引起中毒，可能出现神昏、瞳孔散大或惊厥。

2. 食疗方

（1）肉豆蔻粥

材料：肉豆蔻10g，生姜2片，粳米50g。

做法：肉豆蔻捣碎研为细末，用粳米煮粥，待煮沸后加入肉豆蔻末及生姜同煮为粥食。

服法：早晚空腹食。

功效：暖脾胃，固大肠。

（2）豆蔻饼

材料：肉豆蔻30g，面粉100g，生姜120g，红糖100g。

做法：肉豆蔻去壳，研为细末。生姜去皮洗净，捣烂加少许水，绞生姜取汁250g。将面粉、肉豆蔻粉、红糖，一同用生姜水和做成小饼约30块，然后放入平底锅内，烙熟即可。

服法：代餐服用。1次2～3块。

功效：温中涩肠，行气消食。

第二十七节　肉桂

肉桂（图3-26）为樟科植物肉桂的干皮及枝皮。肉桂与我们日常生活中用来做菜的桂皮非常相似，但其植物来源和功效有所不同，在应用的时候应该注意区别。

图3-26　肉桂及干燥成品

一、肉桂作用的古代观点

肉桂味辛、甘，性热，归肾、肝经。

1.补肾助阳，散寒通痹止痛

《本草备要》："辛甘大热，气浓纯阳。入肝、肾血分，补命门相火之不足。”《本草便读》：“可导可温，风寒痹湿诸邪，能宣能散。”《五十二病方》中就有13首方有肉桂的成分。右归丸、金匮肾气丸、十全大补汤、少腹逐瘀汤、阳和汤及独活寄生汤中均有肉桂。

2. 引火归原

《本草备要》：“桂能引火，归宿丹田。”《本草从新》：“引无根之火，降而归原，从治咳逆结气，目赤肿痛，格阳喉痹，上热下寒等证。”下元虚衰，虚阳上浮者，肉桂可引火归原，改善虚阳上浮引起的目眩、头晕以及失眠等症。

二、肉桂作用的现代研究

肉桂中的化学成分分为挥发性和非挥发性成分，其中挥发性成分（挥发油）为其主要的活性成分。肉桂中的非挥发性成分主要有多糖类、多酚类、黄酮类及其他成分。

1. 镇痛作用

药理实验证实，肉桂中的桂皮醛能有效增强实验小鼠对热刺激的痛阈作用，并使接受乙酸刺激后的实验小鼠在相同的单位时间内明显减少身体歪扭次数。

2. 保护心血管系统

在心血管系统保护作用方面，肉桂在中医学上有“助心阳”一说，药理研究表明，其指标性成分桂皮醛能够扩张外周血管、改善血管末梢血液循环，同时能改善心肌供血，有一定的抗休克作用。

3.改善消化系统功能

在消化系统保护作用方面，肉桂对胃肠道有温和的刺激作用，能加强消化功能，疏通消化道积气，缓解胃肠痉挛，可制成肉桂粉用以治疗胃气胀、胃寒痛；肉桂水提液能增加胃黏膜的血流量、改善循环，从而预防胃溃疡的发生。

4.糖尿病治疗

以肉桂为佐药的金匮肾气丸内服可用于治疗阴阳两虚型2型糖尿病。采用含肉桂的中药对糖尿病患者进行足浴治疗，发现其对糖尿病足疗效显著。

三、肉桂的宜忌体质

1.适用体质

肉桂适用于阳虚和气虚体质。肉桂辛、甘，大热，改善阳虚体质有效。《神农本草经》认为，肉桂可以利关节，补中益气，故气虚体质可以食用。肉桂作为临床上常见到的药材，常和附子搭配使用，用于治疗阳虚、里寒之证。

肉桂也适用于痰湿和瘀血体质，《黄帝内经》：“风寒湿三气杂至，合而为痹。”常表现为肢体关节处疼痛，局部皮肤有寒冷感，尤其是寒痹腰痛。肉桂辛散温通，能行气活血，通经脉，散寒止痛。

2.慎用体质

阴虚和湿热体质者慎用。本品辛、温，大热，气浓纯阳，阴虚火旺或者内有实热患者误用肉桂会更助火势，导致病情加重。

四、如何食用肉桂

1.用法用量

肉桂为辛热药，本草有小毒之记载，用量不宜过大。曾有报道，一顿服肉桂末60g后，发生头晕、眼花、眼胀、眼涩、咳嗽、尿少、干渴、脉数等毒性反应。常规每次服1～4.5g，研粉吞服或冲服每次1～2g。本品含有挥发油，不宜久煎，宜后下，或另泡汁服。

2.食疗方

（1）肉桂茶

材料：肉桂2g，花茶3g。

做法：用150mL开水泡饮，冲饮至味淡。

服法：代茶饮用。

功效：补元阳，暖脾胃。

（2）羊肉肉桂汤

材料：肉桂6g，羊肉500g。

做法：将肉桂与羊肉共炖。

服法：直接食用。

功效：温暖脾胃阳气。

（3）肉桂鸡肝汤

材料：鸡肝100g，肉桂5g，葱、姜各3g。

做法：将鸡肝洗净，切成4块，肉桂洗净，切成小块，一并放在大碗内，酌加适量葱（切段）、姜（切片）、盐、料酒和清水。将碗放入锅内，隔水加热，炖至鸡肝熟烂，可加少量味精，即可食用。

服法：直接食用。

功效：温补心肾，健脾暖胃。

第二十八节　余甘子

余甘子（图3-27）入口先酸涩而后余甘，故名余甘子，我国西藏应用广泛。本品在印度被称为圣果，在印度传统医学体系中的地位举足轻重，能够增加人体对各种疾病的抵抗力，同时又是营养价值颇高的天然果品。余甘子也是一种常用藏药，在藏药中，余甘子、诃子与毛诃子常被称为“三大果”，使用频率很高。

图3-27　余甘子

一、余甘子作用的古代观点

余甘子味甘、酸、涩，性凉，归肺经、胃经。

1.清热利咽，润肺化痰

余甘子味道酸涩，酸味能收能敛，能生津止渴，其性凉，能够清热。可清凉解毒，治喉痹，润肺化痰，生津止渴。用于腹痛，咳嗽，喉痛，口干。

2.消食健胃

余甘子能促进胃部蠕动、胃酸分泌，帮助消化。《本草拾遗》："主补益，强气力。"取子压取汁和油涂头生发，去风痒，初涂发脱，后生如漆。

二、余甘子作用的现代研究

余甘子化学成分主要包括多酚类、鞣质类、黄酮类、多糖类和三萜等。

余甘子作为天然的抗菌药物，对多种细菌具有抑制作用。余甘子对酒精性和非酒精性肝炎均有保护作用。长期服用余甘子可降低体重及胰岛素水平，调节血脂等，具有抗肥胖的潜力。因此，余甘子可降低超重和一级肥胖成人患心血管疾病的风险。

三、余甘子的宜忌体质

余甘子适用于痰湿、湿热和阴虚体质，《黄帝内经》："阴虚则内热，阳盛则外热。”余甘子能够清热解毒，治喉痹；余甘子能润肺化痰，生津止渴。

余甘子适用于气虚体质。饮食不节或情志失调、劳逸失当，或者是先天脾胃功能弱者，常常表现为食欲不振、饮食量少、食后腹胀，甚则出现胃气上逆，呕吐反酸，余甘子可以健胃消食，促进胃动力，改善气虚体质。

四、如何食用余甘子

1.用法用量

用量无严格限制，可以生吃，但是比较苦涩，一般都是腌制后再吃，会比较容易入口。

2.食疗方

（1）腌制余甘子

材料：余甘子500g，盐和凉开水适量。

做法：余甘子洗净，晾干水分，然后将果子装进罐子，放盐，最后加入凉白开，没过余甘子1cm即可，拧紧瓶盖，放置阴凉处，3周后即可食用。

服法：直接食用。

功效：清热利咽，润肺化痰，消食健胃。

（2）余甘子茶

材料：余甘子10g，绿茶3g，冰糖12g。

做法：用晒干余甘子10g，绿茶3g，冰糖12g开水冲泡。

服法：开水冲泡后饮用。

功效：化痰止咳，生津，解毒。

第二十九节　佛手

佛手（图3-28）为芸香科柑橘属植物佛手的干燥果实，果实在成熟时果心与皮分离，形成细长弯曲的果瓣，状如手指，故名佛手。佛手的果实色泽金黄，香气浓郁，形状美观，状如观音纤手，或握或伸，千姿百态，让人感到妙趣横生。佛手历来享有“果中之仙品，世上之奇卉”的美誉，极富观赏价值，也常被制作成凉果食用。

图3-28　佛手及干燥成品

一、佛手作用的古代观点

佛手味苦、辛、酸，性温，无毒，入肝、脾、胃、肺经，是理气止痛、开胃进食之佳品。

1.疏肝理气，和中止痛，消食开胃

《滇南本草》：“补肝暖胃，止呕吐……治胃气疼痛，止面寒疼，和中行气。”《本草再新》：“治气舒肝。”《本草害利》：“辛苦温、性中和，理上焦肺气而平呕，健中州脾运而进食，疏气平肝，除痰止嗽。”

2.化痰止咳

《本草纲目》：“煮酒饮，治痰气咳嗽。”《随息居饮食谱》：“醒胃豁痰。”

二、佛手作用的现代研究

佛手的主要化学成分有挥发油类、黄酮类、香豆素类、多糖、氨基酸和无机盐等多种生理活性物质。

研究证实佛手通过多种机制参与脂代谢，通过自噬，防止致病菌脂肪在肝脏中堆积，促进其消除。佛手可以调节糖代谢，具有显著的降低血糖、改善葡萄糖耐量的作用。佛手可通过多种细胞信号通路调节抗氧化作用，佛手精油含有丰富的多酚和黄酮类物质，具有一定的抗氧化活性，对DPPH和ABTS自由基清除能力较强。

三、佛手的宜忌体质

1.适用体质

佛手适用于气郁、阳虚和痰湿体质。佛手辛香行散，味苦疏泄，善于疏肝解郁，行气止痛；还能和中理气，用于脾胃气滞，胃脘痞满、胀痛、呕恶食少，对于中老年人体虚胃弱，消化能力差所引起的食欲不振、胃痛胁胀、嗳气吐逆疗效较好。患有慢性胃炎时，常常吃佛手柑粥，会有较好的效果。佛手苦温，燥湿而化痰，用于治疗咳嗽痰多、痰质黏稠、胸满痞闷。

2.慎用体质

阴虚体质慎用。佛手柑性温，凡阴虚火旺、无气滞症状者慎服。《本经逢原》载“痢久气虚，非其所宜”，《本草便读》亦载有“阴血不足者，亦嫌其燥耳”。

四、如何食用佛手

1.用法用量

常规每次3～9g，可煎汤。鲜佛手剂量可以大点。

2.食疗方

（1）佛手粥

材料：佛手15g，粳米50～100g，冰糖适量。

做法：佛手煎汤去渣，再入粳米50～100g，冰糖少许，同煮为粥。

服法：直接食用。

功效：疏肝理气，和中止痛，消食开胃。

（2）佛手茶

材料：玫瑰花1.5g，佛手3g。

做法：用开水泡。

服法：当茶饮，可加适量冰糖。

功效：疏肝理气，调经止痛。

第三十节　沙棘

沙棘（图3-29）为蒙古族和藏族常用药材，为胡颓子科沙棘属植物沙棘的干燥成熟果实，果实为椭圆形，橙黄色。沙棘的根在盐碱性非常高的土壤中也能生存，具有耐寒、耐旱的特性，为防风固沙的重要植物，在环境绿化、食疗美容、取材用药等方面都具有一定价值。

图3-29　沙棘及干燥成品

一、沙棘作用的古代观点

沙棘味甘、酸、涩，性温，归肺、脾、胃和肝经。

1.化阴生津，健脾消食

沙棘可温养脾气，开胃消食；其味甘、酸，又可化阴生津。能治疗脾气虚弱或脾胃气阴两伤导致的食少纳差、消化不良、脘胀腹痛和体倦乏力等症。沙棘煎煮浓缩成膏（沙棘膏）对小儿积食所致的发热、呕吐、便溏、便秘或咳嗽有立竿见影之奇效。

2. 化痰止咳

冰棘可止咳祛痰，用于咳嗽痰多。本品入肺经，能止咳祛痰，为藏医和蒙医治疗咳喘痰多较为常见的药物。可以单用，如《四部医典》以沙棘煎煮为膏，主治咳嗽。亦可配伍其他止咳祛痰药，如五味沙棘散，与余甘子、白葡萄、甘草等同用。

3. 活血散瘀

冰棘活血散瘀，用于瘀血经闭，跌仆瘀肿，可治疗胸痹心痛、跌打损伤、妇女月经不调等多种瘀血症。因其长于活血化瘀，故以胸痹瘀滞疼痛者多用，单用有效。

二、沙棘作用的现代研究

沙棘主要含有黄酮类和脂肪酸类成分，如异鼠李素、槲皮素、棕脂酸、硬酯酸、油酸、亚油酸和亚麻酸。

沙棘的作用表现在以下几点。

1. 保护心血管

沙棘各组分可降低胆固醇和甘油三酯，促进脂质代谢，清除自由基，达到预防和治疗心脑血管疾病的目的。

2. 降血脂、抗血栓作用

多提取沙棘黄酮入药。

3.抗氧化作用

沙棘油有明显的抗氧化作用，其抗氧化程度有明显的浓度依赖关系，但浓度低至0.02%时仍有明显作用。

三、沙棘的宜忌体质

本品适用于气虚和阴虚体质。沙棘能够消食化滞，开胃健脾，而且其味甘酸，又可化阴生津，治疗脾气虚弱，是一味健脾补脾的好药。

本品适用于痰湿、瘀血和气郁体质。沙棘能够健脾，促进脾胃运化水湿的功能，消除生痰之源，同时沙棘又能入肺经止咳祛痰。沙棘能够活血散瘀，对于外伤或内伤瘀血症状均有作用。

四、如何食用沙棘

1.用法用量

当水果食用，无严格剂量限制。

2.食疗方

（1）沙棘汁

材料：沙棘、冰糖各适量。

做法：沙棘洗净，加入凉开水和冰糖粉打成果汁即可。

服法：即时饮用。

功效：止咳祛痰，消食化滞，开胃健脾。

（2）沙棘鸡蛋汤

材料：沙棘、鸡蛋、冰糖适量。

做法：将沙棘洗干净，晾干备用。鸡蛋打入碗中，搅拌均匀备用。在锅中加入适量的水，烧开后放入打匀的鸡蛋液，待鸡蛋散开呈蛋花状时放入沙棘，煮5分钟后加入冰糖熬。

服法：温凉后即可饮用。

功效：消食化滞，开胃健脾。

第三十一节　牡蛎

牡蛎（图3-30），又名生蚝，为牡蛎科动物近江牡蛎、长牡蛎或大连湾牡蛎等的贝壳。其主要成分是碳酸钙、磷酸钙、硫酸钙。

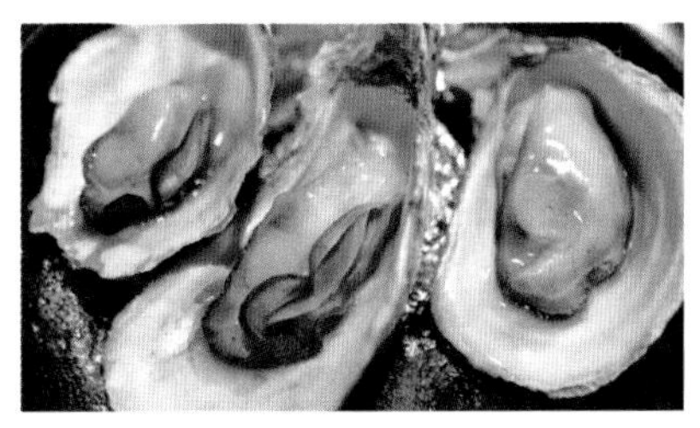

图3-30　牡蛎及煅牡蛎成品

一、牡蛎作用的古代观点

牡蛎味咸、涩，性微寒。入肝、胆、肾经。

1. 潜阳滋阴

《本草经疏》中认为“凡病虚而多热者宜用”，牡蛎性味咸寒，质重，有潜阳益阴之功，可用于肾水不养肝木而导致的阴虚阳亢、头晕目眩耳鸣之证。《名医别录》：“除留热在关节荣卫，虚热去来不定。”《药性论》：“除风热，止痛。治温疟。”

2. 收敛固涩

《名医别录》：“涩大小肠，止大小便，疗泄精。”《药性论》：“主治女子崩中，止盗汗。”《长沙药解》：“敛心神而止惊。”牡蛎经过煅后，其味涩，有收敛固涩的作用。用于治疗遗精，盗汗，崩漏带下。

3. 软坚散结

《本草纲目》：“化痰软坚……消疝瘕积块，瘿疾结核。”牡蛎味咸，咸能软坚散结，可用于治疗气滞血瘀、痰火郁结、痰凝津停之证。

二、牡蛎作用的现代研究

1. 抗肿瘤

牡蛎具有较明显的抗肿瘤活性，且存在一定的量效关系。

2. 降血糖

牡蛎酶解活性肽中含有较多的必需氨基酸及糖原等；牡蛎酶解活性肽能降低小鼠四氧嘧啶诱导的血糖水平。

三、牡蛎的宜忌体质

1.适用体质

本品适用于阴虚、湿热、痰湿、气郁和瘀血体质。牡蛎能够平肝潜阳又能够滋阴养肾水，还能软坚散结。

2.慎用体质

阳虚体质慎用。牡蛎性偏寒，畏冷者少食。

四、如何食用牡蛎

1.用法用量

牡蛎肉味鲜美，甘，温，无毒，常作为美味食材。常规15～30g煎汤，久煎。牡蛎是很好的补锌食物，但作为药材多服、久服易引起便秘和消化不良，故要适量。

2.食疗方

（1）牡蛎丸

材料：牡蛎10～30g。

做法：牡蛎打碎先煎。

服法：入丸、散剂，每次1～3g。

功效：收敛固涩。

（2）牡蛎粉

材料：牡蛎适量。

做法：牡蛎研细粉。

服法：每次1～2g，一日3次，用米汤送服。

功效：治胃痛、胃酸过多、盗汗及阴汗。

第三十二节　芡实

芡实（图3-31）为睡莲科植物的成熟种仁，有“水中人参”和“水中桂圆”的美誉，生长于池塘、湖沼中，在我国广东、云南、黑龙江等南北各省均有分布。

图3-31　芡实及干燥成品

一、芡实作用的古代观点

芡实味甘、涩，性平。归脾、肾、肺经。

1.除风湿痹痛

《本草经解》：“芡实甘平，则益脾肺，肺通水道则湿行，脾和则血活，而痹者瘳矣。”湿邪侵入人体损伤脾阳，导致血液不通可使腰膝疼痛。芡实性平益脾肺，肺主调通水道，肺气通则水通；脾主摄血，脾和则血流通畅，水通血活，故而可祛风湿疼痛。

2.益肾固精

本品可用于治疗肾虚遗精、小便不禁、白带过多。《玉楸药解》“其味甘，性涩，入手太阴肺、足少阴肾经。止遗精，收带下。芡实固涩滑泄，治遗精失溺、白浊带下之病。”

3.强身健体抗衰老

《神农本草经》记载芡实可“益精气，强志，令耳目聪明。久服，轻身，不饥，耐老，神仙”。芡实益脾肺，肺气充则身轻志强，脾血旺则耳目聪明耐老不饥也。

二、芡实作用的现代研究

1.降血脂

经过芡实超微粉灌胃处理后，高血脂症的小鼠体内总胆固醇、低密度脂蛋白等的含量显著降低，可降低动脉壁及外周组织中的胆固醇，高密度脂蛋白含量显著上升。

2.延缓衰老

芡实超微粉能有效降低体内自由基数量，防止氧化损伤，具有显著的抗衰老功效，且一定剂量的芡实超微粉对机体的端粒酶具有保护作用，可降低细胞分裂时染色体的损伤，从而起到延长细胞寿命、延缓机体衰老的功效。另外，其抗氧化功能也可预防氧化损伤导致的慢性病，如心血管病和癌症。

3. 保护肠胃

研究表明芡实提取物对胃黏膜有保护作用，可以显著降低小鼠的胃溃疡现象，有学者提出中药芡实对胃黏膜的保护作用可能与抑制胃黏膜中氧自由基的生成有关。

4. 保护肾脏

高剂量芡实可以对糖尿病症状起到很好的抑制作用，同时又可降低尿蛋白，可以作为治疗糖尿病肾病的手段之一。此外，用芡实合剂治疗狼疮性肾炎，显示芡实合剂对脾肾阳虚证具有较好的临床疗效，可明显减轻肾脏损伤的程度，能够有效控制肾小球的病变。

5. 抑菌

研究证实芡实多糖对于金黄色葡萄球菌、酿酒酵母、枯草芽孢杆菌、大肠杆菌均有抑制效果，其中对金黄色葡萄球菌抑菌效果最强。

三、芡实的宜忌体质

1. 适用体质

芡实适用于气虚、阴虚、阳虚和痰湿体质，用于治疗脾虚泄泻，日久不止，如慢性腹泻者、慢性肠炎者。本品甘平补脾，兼可祛湿，涩能收敛。用于治疗肾虚遗精、小便不禁、白带过多。

2. 慎用体质

湿热体质慎用。湿热内盛，脘腹胀满、食滞不化者慎服，大小便不利者禁服。芡实有较强的收涩作用，便秘、尿赤及妇女产后者皆不宜食。

四、如何食用芡实

1.用法用量

可做常规食物食用，用量无严格限制。

2.食疗方

（1）芡实粥

材料：芡实米150g，糯米150g，白砂糖10g。

做法：两者同煮成粥，食用时加白砂糖。

服法：直接食用。

功效：补脾胃，涩精，止带，止泻，补中益气。

（2）芡实猪肚汤

材料：猪肚1个，芡实30g，莲子30g，红枣10个。

做法：猪肚洗净，煮沸后捞起刮净；芡实、红枣（去核）洗净，莲子（去心）用清水浸泡1小时，捞起，一起放入猪肚内；猪肚加清水大火煮沸后，小火炖2小时，调味供用。

服法：直接食用。

功效：健脾胃，益心肾，补虚损。

（3）芡实鸡汤

材料：芡实100g，公鸡1只（重约750g），葱花10g，生姜丝8g，精盐10g，黄酒10mL，大茴香、小茴香各1g。

做法：芡实放入鸡腹中备用。砂锅中放水适量，放入鸡，加葱花、生姜丝、精盐、大茴香、小茴香、黄酒等调味，大火烧开，用小火炖至熟烂即成。

服法：直接食用。

功效：补气血，固肾涩精。

（4）薏苡仁芡实汤

材料：薏苡仁（水发）50g，芡实50g，红糖15g。

做法：薏苡仁洗净煮透，芡实洗净；将薏苡仁、芡实放入瓦煲内，加入清水煮30分钟，再加入红糖稍煮片刻即成。

服法：当汤喝。

功效：健脾止泻，利肠益胃，益肾固精。

第三十三节　花椒

花椒（图3-32）是芸香科灌木或小乔木植物花椒的干燥成熟果皮，一般立秋前后成熟，以四川花椒品质为优。作为中国特有的香料，被列为调料“十三香”之首，无论煎炒烹炸，各类菜肴均可用其调味。在我国古代，花椒作为上等的香料供皇室使用，以其涂墙，取温暖、芳香、多子之意。《汉书 · 车千秋传》颜师古注：“椒房殿名，皇后所居也，以椒和泥涂壁，取其温而芳也。”除了用作香料，花椒也可以作为药材使用。

图3-32　花椒及干燥成品

一、花椒作用的古代观点

花椒味辛，性热，有毒，入肺、脾和肾经。

1.祛寒止痛

《本草经解》："蜀椒气温，禀天春暖之木气，入足厥阴肝经；得地西方酷烈之金味，入手太阴肺经。气味俱升，阳也。"故而"蜀椒气温，可以散寒，味辛可以祛湿，所以主死肌痹痛也"。花椒属阳性，可以温中止痛，散寒除湿，对风寒湿邪所引起的关节肌肉疼痛、胃痛及痛经等有止痛效果。

2.通血脉，轻身，增年

《本草经集注》："久服之头不白，轻身，增年。开腠理皮肤纹理，通血脉，坚齿发，调关节，耐寒暑。"花椒性温，通筋活血，久服有延缓头发变白、明目通神、健齿等强健体魄、延年益寿的保健功效。《本草经解》："久服辛温活血，发者血之余，所以头不白也。辛温益阳，阳气充盛，所以身轻增年也。"

3.止咳下气

《雷公炮制药性解》:“主冷气咳逆，心腹邪气，风寒湿痹，癥瘕积聚，霍乱转筋，留饮宿食，堪辟瘟疫，可洗漆疮。”花椒辛热，入肺可散寒止咳，入脾可祛寒除湿，主治风寒湿痹、女子腹中肿物、水肿、寒痢、胃肠道积食、因大吐大泄而导致的气血耗损等病证。

二、花椒作用的现代研究

花椒果皮中含有丰富的黄酮类物质，黄酮类物质具有抗癌、抗菌、抗炎、抗病毒、抗氧化等多种药理活性，对肿瘤、衰老、心血管、糖尿病引起的视网膜病及毛细血管脆化等疾病具有预防和治疗作用。

1.抗凝、抑制血栓形成

花椒提取物在一定剂量下对大鼠血栓形成有明显的抑制作用，当此提取物高于某个剂量时又具有一定抗凝作用。

2.镇痛

有学者利用花椒挥发油的镇痛作用对口腔黏膜麻醉进行无痛拔牙。研究发现，花椒挥发油对醋酸引起的小鼠腹部疼痛有抑制作用。花椒挥发油显著的抗炎镇痛效果与剂量相关，经炮制后挥发油的抗炎镇痛作用也随之增强。

3.抑菌、消炎

花椒提取物还有一定的抗菌、杀菌、消炎作用，花椒挥发油具有改善肠功能的作用。

4.抗癌

花椒中的木脂素具有抗癌、杀虫、止泻及肌肉松弛等作用。有科研人员从花椒中提取分离得到了苯并菲类化合物和呋喃喹啉类生物碱，发现此类花椒生物碱具有选择性细胞毒性，能够抑制人支气管上皮细胞的生长，对部分肿瘤细胞的细胞株具有潜在的细胞毒活性。

三、花椒的宜忌体质

1.适用体质

本品适用于痰湿、瘀血、气郁和阳虚体质。花椒性辛温，适用于胃部及腹部冷痛、食欲不振、呕吐清水、肠鸣便溏之人食用，也适宜哺乳期妇女断奶时服食（其法可用花椒6～15g，加水400～500mL，浸泡后前煮浓缩至250mL，然后加入红糖50～100g，日服1次，1～3次即可回乳）。

2.慎用体质

湿热、特禀和阴虚体质慎用花椒。湿疹患者服用很可能刺激湿疹再次发作。孕妇不宜服用大量花椒，会引起子宫收缩，很容易发生流产等严重后果。过敏体质慎服，此类人群吃了花椒作调料的菜可能引发过敏反应。

四、如何食用花椒

1.用法用量

常规作为调料，量不宜过大。每次1.5～4.5g，也可外用，如龋齿疼痛可用花椒煮水漱口或咬花椒于痛处。腮腺炎可用花椒末少许撒于伤湿止痛膏的中央贴于患处，每日换药1次，2～3日可肿消痛止。

2.食疗方

（1）鸡蛋炒花椒

材料：花椒15g，鸡蛋两个，花生油适量。

做法：取花椒15g，研细末，少许花生油烧沸，打入两个鸡蛋，花椒调入鸡蛋中，炒热食之。

服法：当炒菜食用。

功效：散寒止痛。

（2）花椒醋

材料：花椒3g，醋60mL。

做法：取花椒和醋，煎服。

服法：分3次服。

功效：可用于治疗胆道蛔虫症。

（3）花椒生姜大枣饮

材料：花椒9g，生姜24g，大枣10个。

做法：水煎。

服法：当饮料饮用。

功效：散寒止痛。

（4）花椒葱白饮

材料：花椒6g，葱白30g。

做法：熬水口服。

服法：当饮料饮用。

功效：祛湿止带。

第三十四节　赤小豆

赤小豆（图3-33），又名小豆、赤豆、红豆、红小豆、猪肝赤、杜赤豆，也被称为“饭豆”。赤小豆是豆科一年生半缠绕草本植物赤小豆的干燥成熟种子，其色泽鲜红、淡红或深红，原产于我国，全国各地广为栽培。

图3-33　赤小豆及干燥成品

一、赤小豆作用的古代观点

赤小豆味甘、酸，性平，无毒。归心经和小肠经。可用于治疗水肿胀满、脚气肢肿、黄疸尿赤、风湿热痹、痈肿疮毒、肠痈腹痛等。

1.利水除湿

《本草再新》："清热和血，利水通经，宽肠理气。"《药性论》："消热毒痈肿，散恶血、不尽、烦满。治水肿皮肌胀满；捣薄涂痈肿上；主小儿急黄、烂疮，取汁令洗之；能令人美食；末与鸡子白调涂热毒痈肿；通气，健脾胃。"

2.和血排脓

《神农本草经》："主下水，排痈肿脓血。"

3.消肿解毒

《本草纲目》："辟温疫，治产难，下胞衣，通乳汁。"《食性本草》："坚筋骨，疗水气，解小麦热毒……和鲤鱼烂煮食之，甚治脚气及大腹水肿；散气，去关节烦热，令人心孔开，止小便数；绿赤者，并可食。暴利后气满不能食，煮一顿服之。"

二、赤小豆作用的现代研究

1.抗氧化

赤小豆提取物具有良好的抗氧化特性。

2. 稳血糖

一方面，赤小豆中含有大量膳食纤维，餐后血糖上升速度较慢；另一方面，赤小豆提取物在正常小鼠和由链脲佐菌素诱导的糖尿病小鼠体内表现出了潜在的降血糖作用。

3. 降血脂

赤小豆多酚有降低血清胆固醇的功能，红小豆抗性淀粉有助于降低血脂。

4. 护肝、助肾

赤小豆还具有护肝、助肾的作用。

三、赤小豆的宜忌体质

本品适用于瘀血、痰湿、湿热、气郁和气虚体质。赤小豆有散恶血、利水除湿、消热毒、通气、健脾胃等功效。

四、如何食用赤小豆

1. 用法用量

用量无严格限制，赤小豆常用来做成豆沙，是各种糕团面点的馅料，美味可口，也可熬粥。赤小豆与其他食材一同搭配食用，营养全面。

2. 食疗方

赤小豆薏苡仁粥

材料：赤小豆250g，薏苡仁150g，冰糖适量。

做法：将经过一夜泡发的赤小豆放入一个大锅内，加入薏苡仁，注入清水。大火煲开15分钟，撇去浮沫，转中小火煲2小时。煮好后，放入适量的冰糖调味。

服法：直接食用。

功效：利水除湿，消肿解毒。

第三十五节　阿胶

阿胶（图3-34）又称驴皮胶、盆覆胶，是马科驴属动物驴的干燥皮或鲜皮，经漂泡去毛后熬制而成的胶块，与人参、鹿茸并称为“滋补三宝”。

图3-34　阿胶成品

一、阿胶作用的古代观点

阿胶味甘，性平，无毒。归肺、肝、肾经，李时珍称之为“圣药”。

1.补血止血

《本草纲目》:“(阿胶)疗吐血、衄血、血淋、尿血,肠风,下痢。女人血痛、血枯、经水不调,无子,崩中,带下,胎前产后诸疾。”《日华子诸家本草》:“治一切风,并鼻洪、吐血、肠风、血痢及崩中带下。”《药鉴》中记载“久嗽久痢,虚劳失血者宜用”。阿胶尤适宜出血而兼见阴虚、血虚证者。阿胶亦可用于各种出血证,如血虚、血寒的妇人崩漏下血,可配熟地黄、当归、芍药。《本草纲目》:“阿胶,大要只是补血与液,故能清肺益阴而治诸证。”

2.保胎安胎

阿胶自古以来就是保胎良药,阿胶还能防治产后风。《神农本草经》:“主心腹内崩,劳极洒洒如疟状,腰腹痛,四肢酸疼,女子下血。安胎。久服轻身益气。”

二、阿胶作用的现代研究

阿胶多由胶原及部分水解产物组成,基本成分是蛋白质,还含有氮、钙等物质。水解产生的赖氨酸、精氨酸、组氨酸等多种氨基酸能加速红细胞、血红蛋白生成,治疗缺铁性贫血、再生障碍性贫血、血小板减少症和白细胞减少症等;可治疗因血虚、血瘀和血热引起的月经不调,调治妊娠病,达到养胎和安胎之目的。阿胶可预防和治疗骨质疏松,还能提高细胞免疫和体液免疫功能。

三、阿胶的宜忌体质

1.适用体质

本品适用于阳虚、气虚和阴虚体质。阿胶含有丰富的蛋白质、微量元素和矿物质，能充分补充人体所需营养，适用于面色萎黄或苍白、贫血等人群改善体质。

2.慎用体质

特禀质、痰湿、瘀血和湿热体质慎用。阿胶作为滋补品，不适用面红目赤、肥胖多痰等实证体质。

四、如何食用阿胶

1.用法用量

阿胶需烊化冲服或兑服，每次3～9g，每天2～3次。食用阿胶时应多喝水，多吃蔬菜、水果，尽量不食萝卜、不饮浓茶，不吃油腻和辛辣的食物。脾胃虚弱者应慎用阿胶；患有感冒、咳嗽、腹泻或女性月经来潮时，应停服阿胶；过敏体质及患有红斑狼疮等自身免疫性疾病者应谨慎使用；瘀血未清及“三高”患者不宜服用。夏季不要将阿胶与黄酒、桂圆等热性食物同用，可和微凉的藕粉、莲子等同食。

2.食疗方

阿胶糕

材料：阿胶、冰糖、蜂蜜、芝麻、核桃、黄酒适量。

做法：将阿胶捣成碎块加适量开水，用黄酒加热溶化，配伍冰糖、蜂蜜、芝麻、核桃等蒸或炖制成稠厚的内服膏。

服法：直接食用。

功效：补血止血，润肺滋阴。

第三十六节　鸡内金

鸡内金（图3-35）为雉科动物家鸡的干燥砂囊内壁。鸡内金以干燥、完整、个大、色黄者为佳。

图3-35　鸡内金干燥成品

一、鸡内金作用的古代观点

鸡内金味甘、涩，性平，无毒。归脾、胃、小肠和膀胱经。

1.健胃消食

《本草经疏》：“肫是鸡之脾，乃消化水谷之所。其气通达大肠、膀胱二经。”《备急千金要方》：“鸡内金治反胃，食即吐出。”《太平圣惠方》：“鸡内金治痞气积。”《本草纲目》：“鸡内金治小儿食疟。”《医学衷中参西录》记载的益脾饼“鸡内金治脾胃湿寒，饮食减少，长作泄泻，完谷不化”，《滇南本草》：“鸡内金宽中健脾，消食磨胃。治小儿乳食结滞。”《医学衷中参西录》：“鸡内金，鸡之脾胃也。中有瓷石、铜、铁皆能消化，其善化瘀积可知……又能助健补脾胃之药，多进饮食以生血也。”

2.涩精止遗

《日华子诸家本草》：“鸡内金止泄精，并尿血、崩中、带下、肠风、泻痢。”

3.通淋化石

《医林集要》：“鸡内金治小便淋沥，痛不可忍：鸡内金皮五钱。阴干，烧存性。作一服，白汤下。”《太平圣惠方》：“鸡内金治痟肾，小便滑数白浊。”《名医别录》：“鸡内金主小便。”

二、鸡内金作用的现代研究

鸡内金含胃激素、角蛋白、微量胃蛋白酶、淀粉酶和多种氨基酸。

1.鸡内金对血脂、血糖和细胞免疫功能的影响

鸡内金多糖可显著降低糖尿病高脂血症总胆固醇、低密度脂蛋白胆固醇水平和空腹血糖浓度，升高高密度脂蛋白胆固醇，可改善其细胞免疫功能。

2. 鸡内金对小肠蠕动的影响

鸡内金各种炮制品可以不同程度地降低小肠推进率。

3. 生鸡内金对乳腺增生的影响

生鸡内金能有效干预肝郁脾虚者的乳腺增生，并可改善血液流变学。

三、鸡内金的宜忌体质

1. 适用体质

本品适用于气虚、气郁和阳虚体质。鸡内金的功效主要是健脾消食，可以改善饮食减少，食后胃脘不舒等症状。

本品还于阴虚体质。鸡内金可用于治疗肾虚遗精、遗尿。鸡内金治遗精，可与芡实、菟丝子、莲肉等同用。

四、如何食用鸡内金

1. 用法用量

内服，用量无严格限制。

2. 食疗方

（1）鸡内金肉清汤

材料：鸡内金7g，鸡胸肉50g，清汤皮子20张，鸡蛋黄一个，精盐、味精、甜酒汁、胡椒粉、生抽、麻油、葱花、鸡骨汤各适量。

做法：将鸡内金焙干碾成细末；鸡胸肉斩成茸，装碗内加甜酒汁、鸡蛋黄、精盐、味精、胡椒粉、鸡内金粉搅拌均匀备用；取清汤皮子将馅心包入，投入沸水中煮熟、捞出装入调好味的鸡汤中（预先将鸡骨汤烧沸，盛碗内，调好味，加少许生抽、麻油、撒葱花和胡椒粉）即成。

服法：当汤食用。

功效：健脾消食，止遗尿。

（2）山药鸡内金粥

材料：山药50g，鸡内金15g，山楂15g，粟米200g。

做法：将山药、鸡内金、山楂、粟米洗净，把全部用料一齐放入锅内，加清水适量，小火煮成粥，调味即可随量食用。

服法：当粥食用。

功效：健脾开胃，消食导滞。

第三十七节　麦芽

麦芽（图3-36）为禾本科植物大麦的成熟果实，经发芽干燥炮制加工而成。全国各地均有种植，将麦粒用水浸泡后，保持适宜温、湿度，待幼芽长至约0.5cm时干燥。生用或炒用。

图3-36 麦芽及干燥成品

一、麦芽作用的古代观点

麦芽味甘，性平，归脾、胃、肝经。

1.消食健胃

《本草纲目》：“消化一切米面诸果食积。”《名医别录》：“消食和中。”《药性论》：“消化宿食，破冷气，去心腹胀满。”

2.回乳消胀

麦芽有回乳消胀之功，可用于治疗妇女断乳，或乳汁淤积之乳房胀痛。《滇南本草》：“宽中，下气，止呕吐，消宿食，止吞酸吐酸，止泻，消胃宽膈，并治妇人奶乳不收，乳汁不止。”

3.行气

本品能疏肝理气解郁，用治肝气郁滞或肝胃不和，胁肋、脘腹疼痛，常配伍柴胡、香附、川楝子等药。

二、麦芽作用的现代研究

麦芽主要含 α－淀粉酶及 β－淀粉酶、催化酶、麦芽糖及大麦芽碱、大麦芽胍碱，含腺嘌呤、胆碱、蛋白质、氨基酸、B族维生素、维生素D、维生素E、细胞色素C等成分。麦芽煎剂能轻度促进胃酸及胃蛋白酶的分泌，水煎提取的胰淀粉酶可助消化。生麦芽可扩张母鼠乳腺泡及增加乳汁充盈度，炮制后则作用减弱；麦芽具有回乳和催乳的双向作用，其作用关键不在于生用或炒用，而在于剂量的大小，即小剂量催乳，大剂量回乳；麦芽有溴隐亭类物质，能抑制泌乳素分泌。此外，麦芽还有降血糖、抗真菌等作用。

三、麦芽的宜忌体质

1. 适用体质

本品适用于气虚、气郁和痰湿体质。麦芽具有消食、和中和下气的作用。

2. 慎用体质

湿热体质慎用。《药品化义》：“凡痰火哮喘及孕妇，切不可用。”

四、如何食用麦芽

1. 用法用量

麦芽在生活中使用广泛，可以生用或炒用，用量无严格限制，但久食麦芽消肾，不可多食。《本草正》：“妇有胎妊者不宜多服。”

2.食疗方

麦芽糕

材料：麦芽120g，橘皮30g，炒白术30g，神曲60g，米粉150g，白糖30g。

做法：麦芽淘洗后晒干；再取新鲜橘皮，晒干后用；然后将麦芽、橘皮、炒白术、神曲一起放入碾槽内研为粉末，与白糖、米粉和匀，加入清水调和，做成10～15块小糕饼，放入碗内，用蒸锅蒸熟即可。

服法：直接食用。

功效：消食，和中，健脾，开胃。

第三十八节　昆布

昆布（图3-37）为海带科植物海带或翅藻科植物昆布的干燥叶状体。

图3-37　昆布及干燥成品

一、昆布作用的古代观点

昆布味咸，性寒，归肝、胃、肾经。功效应用与海藻相似，唯力稍强，常与之相须为用以增强疗效，如海藻玉壶汤(《外科正宗》)。

1.消肿

《名医别录》:“主十二种水肿，瘿瘤聚结气，瘘疮。”《本草拾遗》:“主颓卵肿。”

2.利水

本品能利水道而消肿，常与利湿之防己、大腹皮、车前子等同用，以增强利水消肿之功，治气鼓水胀、瘰疬瘿瘤、癫疝恶疮。《药性论》:“利水道，去面肿，去恶疮鼠瘘。”《玉楸药解》:“泄水去湿，破积软坚。”

二、昆布作用的现代研究

1.化学成分

昆布主要含多糖、氨基酸、挥发油及碘等多种微量元素。

2.药理作用

昆布内含有丰富的碘，可纠正因缺碘引起的甲状腺功能不足，同时可以暂时抑制甲状腺功能亢进患者的基础代谢率，使症状减轻。昆布能温和、有效地降低高血压病患者的收缩压和舒张压。昆布多糖可明显增强体液免疫功能，提高外周血细胞的数量，并有降血糖、镇咳、抗辐射、抗肿瘤等作用。

三、昆布的宜忌体质

1.适用体质

本品适用于痰湿、湿热和气郁体质。《食物本草》：“裙带菜，主女人赤白带下，男子精泄梦遗。”昆布尤其适用于湿热体质。

2.慎用体质

阳虚体质慎用，《医学入门》：“胃虚者慎服。”昆布性寒，脾胃虚寒者应当慎用。

四、如何食用昆布

1.用法用量

无严格限制，常规每次6～12g。《品汇精要》：“妊娠亦不可服。”《食疗本草》：“下气，久服瘦人。”可见，经常服用昆布具有减肥的功效，还可治瘿瘤、瘰疬、睾丸肿痛。

2.食疗方

昆布海藻瘦肉汤

材料：猪瘦肉60g，昆布、海藻各20g。

做法：取昆布、海藻用清水浸泡，洗净；猪瘦肉洗净，切片。把全部用料放入锅内，加清水适量，大火煮沸后，小火煮1小时。

服法：直接食用。

功效：利湿化痰，软坚散结。

第三十九节　枣（大枣、酸枣、黑枣）

枣（图3-38），别称枣子，大枣、刺枣，贯枣，是鼠李科

图3-38　大枣、酸枣、黑枣及干燥成品

枣属植物落叶小乔木的果实。酸枣同样是鼠李科枣属植物，是枣的变种，又名棘、棘子、野枣、山枣、葛针等，多野生，常为灌木，有的为小乔木。黑枣，学名君迁子，属柿树科、柿属，别名软枣、牛奶枣、野柿子、丁香枣、圆脑子等，黑枣不同于熏黑的枣，熏黑枣是鲜枣（红枣）经过特殊的加工（油煮、烟熏）之后制成的，属于鲜枣的干制品，熏黑的枣颜色乌黑，因此又有“乌枣”之称（俗名熏枣、紫晶枣、马牙枣、狗头枣），虽然这种黑枣也具有丰富的营养，但是仍属于大枣类。生活中比较常见的是大枣。因为三种“枣”容易混淆，故一一介绍。

一、枣作用的古代观点

（一）大枣作用

大枣味甘，性温，微香，归脾、胃经。

1. 健脾益气

大枣能补脾益气，适用于治疗脾气虚弱、形体消瘦、倦怠乏力、食少便溏等症，可与黄芪、党参、白术等健脾益气药配伍。

2. 养血安神

大枣能养心血，安心神，治心阴不足、肝气失和之妇人脏躁。《名医别录》：“补中益气，坚志强力，除烦闷，疗心下悬，除肠。久服不饥神仙。”

（二）酸枣作用

酸枣味甘，性平，入心、肝经。

1.养心阴，益肝血，宁心安神

酸枣为养心安神之要药，尤宜于心肝阴血亏虚、心失所养之虚烦不眠与惊悸多梦。《神农本草经》中记载，酸枣可以“安五脏，轻身延年”。

2.益气固表

酸枣味酸能敛，有收敛止汗之效，常用治体虚自汗、盗汗，多与五味子、山茱萸、黄芪等益气固表止汗药同用。《名医别录》称其“补中，益肝气，坚筋骨，助阴气，能令人肥健”。

（三）黑枣作用

黑枣味甘、涩，性凉，入脾、胃经。能补中益气，养胃健脾，养血壮神，润心肺，调营卫，生津液，悦颜色，通九窍，助十二经，解药毒，调和百药。

二、枣作用的现代研究

1.大枣

大枣主要含三萜酸类成分：白桦脂酮酸，齐墩果酸，熊果酸，山楂酸等；皂苷类成分：大枣皂苷Ⅰ、大枣皂苷Ⅱ、大枣皂苷Ⅲ；生物碱类成分：光千金藤碱，N-去甲基荷叶碱等；黄酮类成分：6，8-二葡萄糖基-2（S）和2（R）-柚皮素；还含有多糖、氨基酸、微量元素等。

大枣水煎液、大枣多糖能增强肌力，增加体重，增强耐力，抗疲劳，能促进骨髓造血，增强免疫，促进钙吸收，有效地减少肠道蠕动时间，改善肠道环境，减少肠道黏膜接触有毒物质和其他有害物质。黄酮类化合物有镇静、催眠作用。此外，大枣有增加白细胞内的cAMP含量、延缓衰老、抗氧化、保肝、抗突变、抗肿瘤、降血压、抗过敏、抗炎和降血脂等作用。

2.酸枣

酸枣主要含三萜皂苷类成分：酸枣仁皂苷A、酸枣仁皂苷B等；生物碱类成分：荷叶碱、欧鼠李叶碱、原荷叶碱、去甲异紫堇定碱、右旋衡州乌药碱等；黄酮类成分：斯皮诺素、当药素等；还含挥发油、糖类、蛋白质及有机酸等。酸枣不仅像其他水果一样，含有钾、钠、铁、锌、磷、硒等多种微量元素；更重要的是，新鲜的酸枣中含有大量的维生素C，含量是大枣的2～3倍、柑橘的20～30倍，在人体中的利用率可达到86.3%，是所有水果中的佼佼者。

3.黑枣

黑枣含有葡萄糖、果糖、蔗糖、维生素C、核黄素、胡萝卜素、13种氨基酸和36种微量元素等，被认为是“天然的综合维生素丸”。黑枣中富含钙和铁，对防治骨质疏松所致贫血有重要作用；所含的芦丁可以使血管软化，对高血压病有防治功效。

三、枣的宜忌体质

（一）大枣

1.适用体质

本品适用于气虚、阳虚和阴虚体质。大枣补中益气，有养心血、安心神之功效，可缓解失眠。

2.慎用体质

痰湿和湿热体质慎用。大枣助湿生热，令人中满，故湿盛中满或有积滞痰热者不宜服用。

（二）酸枣

本品适用于阴虚和气虚体质。酸枣有益气敛阴、生津止渴之功。

（三）黑枣

本品适用于阴虚和气虚体质。黑枣性偏凉，阳虚体质慎用。

四、如何食用枣

1.用法用量

作为常用食品，剂量无严格限制，可以用来煲汤、熬粥、泡茶等。

2.食疗方

（1）酸枣仁粥

材料：酸枣仁末15g，粳米100g。

做法：先以粳米煮粥，临熟时，下酸枣仁末再煮。

服法：当粥食用。

功效：宁心安神。

（2）黑枣炖鸡

材料：土鸡腿1条，排骨250g，黑枣20个，水6杯，盐2小匙，米酒1杯。

做法：将土鸡腿洗净切块，排骨洗净用热水汆烫捞起，再用清水洗净备用，黑枣亦洗净沥干备用。将所有材料与调味料同时放入碗中，用保鲜膜封口，再放入电锅中蒸（外锅放入2杯水），蒸熟即可食用。

服法：当菜肴食用。

功效：补血益气。

第四十节　罗汉果

罗汉果（图3-39）又叫神仙果，属于葫芦科，是多年生草

图3-39　罗汉果及干燥成品

本植物的果实。

一、罗汉果作用的古代观点

罗汉果味甘，性凉，无毒，入肺、大肠二经。适用于治疗肺热燥咳，咽痛失音，肠燥便秘等。

1.化痰止咳

理痰火咳嗽，和猪精肉煎汤服之。

2.润肠通便

止咳清热，凉血润肠。

二、罗汉果作用的现代研究

1.化学成分

本品含有三萜苷类（罗汉果苷Ⅴ及罗汉果苷Ⅳ）、D-甘露醇，还有大量葡萄糖、果糖、脂肪酸（亚油酸、油酸、棕榈酸、硬脂酸、棕榈油酸、肉豆蔻酸、月桂酸、癸酸），也含蛋白质、维生素C，以及锰、铁、镍、硒、锡、碘、钼等26种无机元素。

2.药理作用

本品所含D-甘露醇有止咳作用。本品又可用于治疗脑水肿，能提高血液渗透压，降低颅内压，脱水作用强于尿素，且持续时间长。还可用于大面积烧伤和烫伤的水肿，防治急性肾功能衰竭病和降低眼球内压，治疗急性青光眼以及代替糖作糖尿病患者的甜味食品或调味剂。

三、罗汉果的宜忌体质

1. 适用体质

本品适用于湿热、阴虚体质。

2. 慎用体质

阳虚体质慎用。因罗汉果性凉，且归大肠经，脾胃虚寒者应格外注意。

四、如何食用罗汉果

1. 用法用量

剂量没有严格限制。

2. 食疗方

（1）罗汉果茶

材料：罗汉果10g、绿茶3g、冰糖12g。

做法：用开水冲泡。

服法：当茶饮用。

功效：生津止渴，止咳。

（2）菊花罗汉果茶

材料：菊花3朵，罗汉果1/10颗。

做法：将菊花、罗汉果放入杯中，温水冲5分钟即可。

服法：代茶饮用。

功效：清热润肺，清肝明目。

第四十一节　郁李仁

郁李仁（图3-40）为蔷薇科植物欧李（酸丁、小李红）、郁李（赤李子）或长柄扁桃的干燥成熟种子。前两种常称“小李仁”，后一种常称“大李仁”。夏、秋二季采收成熟果实，除去果肉及核、壳，取出种子，干燥，即为郁李仁。

图3-40　郁李仁及干燥成品

一、郁李仁作用的古代观点

郁李仁味辛、苦、甘，性平，归脾、大肠、小肠经。

1.润肠通便，理气化结

郁李仁质润多脂，润肠通便作用类似火麻仁而力较强，且润中兼可行大肠之气滞。常与火麻仁、柏子仁、杏仁等润肠通便药同用，用于津枯肠燥便秘之证，如五仁丸（《世医得效方》）。

郁李仁始载于《神农本草经》，列为下品。《药性论》中记载其“治肠中结气，关格不通”，《日华子诸家本草》：“通泄五脏，膀胱急痛，宣腰胯冷脓，消宿食，下气。”李杲曰：“专治大肠气滞，燥涩不通。”

2.利水消肿

《神农本草经》：“主大腹水肿，面目、四肢浮肿，利小便水道。”《食疗本草》：“破癖气，下四肢水。”《本草再新》：“行水下气，破血消肿，通关节，治眼长翳。”郁李仁能治疗水肿胀满、小便不利，可与桑白皮、赤小豆等利水消肿药同用。若用于治疗脚气肿痛者，可与木瓜、蚕沙等药配伍。

二、郁李仁作用的现代研究

1.化学成分

本品主要含黄酮类成分：阿弗则林、山柰苷、郁李仁苷等；有机酸类成分：香草酸、原儿茶酸等；三萜类成分：熊果酸等；氰苷类成分：苦杏仁苷等。郁李仁还含脂肪油、皂苷、纤维素等。

2.有泻下和抗炎镇痛作用

经实验证实，郁李仁所含的郁李仁苷有强烈泻下作用，其泻下作用机制类似番泻苷，均属大肠性泻剂。从郁李仁中提取的蛋白成分IR-A和IR-B静脉给药有抗炎和镇痛作用。

三、郁李仁的宜忌体质

1. 适用体质

本品适用于气郁、痰湿、血瘀和阴虚体质，《珍珠囊》中记载其“破血润燥”。郁李仁具有破血润燥、缓解皮肤干燥的作用，适合血瘀体质人群食用。

2. 慎用体质

阳虚体质及孕妇慎服。《得配本草》中记载有“大便不实者禁用”。

四、如何食用郁李仁

1. 用法用量

常规每次3～9g，作为食物用量可以大点。

2. 食疗方

郁李仁粥

材料：郁李仁10～15g，粳米50～100g。

做法：将郁李仁捣烂，水研绞取药汁，或捣烂后煎汁去渣，加入粳米同煮为粥。

服法：直接食用。

功效：润肠通便，利水消肿。

第四十二节　金银花

金银花（图3-41）为忍冬科植物忍冬干燥的花蕾或初开的花，春末夏初，忍冬开花，人们常常采集这种花朵晒干用来泡茶，黄绿色的花蕾食用更好。

图3-41　金银花及干燥成品

一、金银花作用的古代观点

金银花味甘，性寒，入肺、胃、心和脾经。

1.消肿散痈，凉血化瘀

《神农本草经》记载金银花具有清热解毒、凉血化瘀之功效。《本经逢原》："金银花，解毒去脓，泻中有补，痈疽溃后之圣药。"《本草正》："善于化毒，故治痈疽、肿毒、疮癣、杨梅、风湿诸毒，诚为要药。"

2.清热解毒，疏散风热

《本草备要》："甘寒入肺，散热解毒。"《本草撮要》：

“味甘，入手太阴足厥阴经，功专散热解毒，得当归治热毒血利。”金银花气味芳香，能疏透表邪，因此可以用于治疗风热感冒，在治疗温病的组方中，金银花也是一味重要的中药。

3.凉血止痢

《本草易读》：“治热毒血痢肠癖。”《冯氏锦囊秘录》：“血痢水痢皆治。”

二、金银花作用的现代研究

金银花的主要化学成分是有机酸类和黄酮类成分，如绿原酸，异绿原酸，木犀草苷，忍冬苷等。

1.解热抗炎

金银花可显著抑制蛋清及角叉菜胶等诱导的实验小鼠足水肿，并与地塞米松同样对急性炎症起到较好的治疗效应，具有良好的抗炎、解热作用。

2.护肝利胆

用金银花醇提取物对DMN诱导大鼠肝损伤模型进行干预，结果表明其对大鼠肝纤维化损伤具有较好的保护作用，且可减轻肝组织内结缔组织的增生程度。

3.抗菌，抗病毒

通过采用改良石硫法提取金银花有效成分，并经抑菌圈法评价其对枯草芽孢杆菌、大肠杆菌、绿脓杆菌以及金黄色葡萄球菌的抑菌效果，结果表明此法提取的金银花有效成分含量高，抗菌效果佳，对细菌感染性疾病具有较好的治疗作用。

三、金银花的宜忌体质

1. 适用体质

本品适用于湿热、瘀血和阴虚体质。金银花甘寒，可以清热解毒，芳香可以疏散风热化瘀，为治疗热毒疮痈的要药，可以单用金银花煎服，并且用药渣外敷患处。

2. 慎用体质

阳虚体质慎用。金银花性寒，虚寒体质慎用。

四、如何食用金银花

1. 用法用量

作为茶饮，无严格剂量限制。可以适量外敷。

2. 食疗方

（1）金银花露

材料：金银花适量。

做法：用金银花加水蒸馏制成。

服法：代茶饮用。

功效：清热解暑。

（2）银花菊花薄荷茶

材料：金银花15g，菊花10g，薄荷5g。

做法：将上三味一起放入杯中，加沸水加盖冲泡片刻即可食用。

服法：代茶饮用。

功效：清热祛风，凉血解毒。

第四十三节　青果

青果（图3-42）为橄榄科橄榄属植物橄榄的干燥成熟果实。《本草纲目》记载“此果虽熟，其色亦青，故俗呼青果”。青果日常生活中被称为橄榄，也被称为“福果”，主要产自福建、广东一带，在广东用青果制作的菜肴十分受当地人的喜爱。

图3-42　青果及干燥成品

一、青果作用的古代观点

青果味甘、涩、酸，性平、凉，入肺、胃经。

1. 清热生津利咽

青果甘酸可化阴，能生津止渴，又具备化痰之功，因此能够利咽止痛。《本草纲目》：“生津液，止烦渴，治咽喉痛。”《玉楸药解》：“味酸，涩，气平，入手太阴肺经。生津止渴，下气除烦。”

2. 醒酒，解鱼蟹毒

《玉楸药解》：“橄榄酸涩收敛，能降逆气，开胃口，生津液，止烦渴，消酒醒，化鱼鲠，收泄利，疗咽喉肿痛，解鱼鳖诸毒。”《随息居饮食谱》记载单用鲜品榨汁或煎浓汤饮用，可解河豚之毒。

二、青果作用的现代研究

青果主要含挥发油、多酚类、三萜类，包含氨基酸、脂肪酸和鞣质。

1. 利咽止咳

止咳青果丸对浓氨水诱发的小鼠咳嗽有明显的抑制作用，可增加呼吸道分泌功能，有显著的祛痰作用，对乙酰胆碱和组胺等体积混合液所致豚鼠喘息性抽搐具有保护作用，且具有剂量依赖性。

2. 解酒保肝

橄榄解酒饮可通过清除自由基、抗脂质过氧化而起到保肝作用，并能明显减轻白酒所致的肝组织病理损伤，可促进肝细胞恢复。

3. 抑菌防腐

研究发现青果对几种常见细菌、霉菌和酵母菌有抑制效应。

三、青果的宜忌体质

1. 适用体质

本品适用于湿热和阴虚体质。青果味酸、甘，酸甘能化阴生津，适用于阴虚内热导致的体内津液不足。

2. 慎用体质

气郁体质慎用。青果味酸收敛，气郁体质少食。

四、如何食用青果

1. 用法用量

无严格剂量限制。

2. 食疗方

（1）青果炖猪肚

材料：青果、猪肚适量。

做法：洗净猪肚，先用开水烫一下，再和青果一起加适量清水炖至猪肚熟烂即可。

服法：直接饮用，以喝汤为主。

功效：补虚损，健脾胃。

（2）青果玉竹百合汤

材料：青果、干百合、玉竹适量。

做法：把青果、干百合、玉竹洗净，切成片一起炖煮。

服法：直接饮用，以喝汤为主。

功效：清热解毒，生津止渴，滋阴润肺，利咽止咳。

第四十四节　鱼腥草

鱼腥草（图3-43）是三白草科植物蕺菜的新鲜全草或干燥的地上部分，又称为侧耳根、臭猪菜，是多年生草本植物，因挫碎其茎叶后有鱼腥味，故称鱼腥草。主要产于浙江、四川、云南、贵州等地。我国古代使用其防病，凉拌、炒食均具有良好保健功能。

图3-43　鱼腥草及干燥成品

一、鱼腥草作用的古代观点

鱼腥草味辛，性寒，归肺经。

1.消痈排脓

《滇南本草》：“治肺痈咳嗽带脓血，痰有腥臭，大肠热毒。”《本草纲目》：“散热毒痈肿。”鱼腥草寒能清热降火，辛可散结，可以消痈排脓，尤其对于脓肿热毒壅滞于肺部有良好的治疗效果。

2.清热解毒

本品清热解毒，可用治乳腺炎、蜂窝织炎、中耳炎、肠炎。

二、鱼腥草作用的现代研究

1.抗菌作用

鱼腥草对多种微生物生长繁殖均具有显著的抑制作用，癸酞乙醛是鱼腥草的有效成分，能够有效抑制溶血性链球菌、卡他球菌、肺炎双球菌、流感杆菌、金黄色葡萄球菌，并且也能够在一定程度上抑制痢疾杆菌、大肠杆菌、孢子丝菌、伤寒杆菌。应用试管稀释法研究鱼腥草、连翘、金银花等中药对金黄色葡萄球菌的抑制作用，结果显示抑菌作用最强的是鱼腥草，最弱的是连翘。

2.镇痛抗炎作用

鱼腥草素能够显著抑制多种炎症渗出和组织水肿，能够使小鼠耳肿胀和大鼠足肿胀程度得到缓解，能够有效治疗肺炎、慢性支气管炎等呼吸道感染，以及附件炎、盆腔炎、慢性宫颈炎等妇科炎症。

3.强化机体免疫力

鱼腥草能够对巨噬细胞和白细胞的吞噬功能进行强化，

体外试验显示，正常人和慢性支气管炎患者服用鱼腥草煎剂后，其白细胞吞噬金黄色葡萄球菌的能力显著提升，血清备解素水平显著上升，机体非特异性免疫力也得到强化。

三、鱼腥草的宜忌体质

1.适用体质

本品适用于湿热、阴虚和气郁体质。鱼腥草味辛性寒，辛味能散结消肿，性寒可清解热毒。鱼腥草又善消痈排脓，对皮肤的化脓性病变或者火热性质的疮毒有治疗效果。

2.慎用体质

阳虚体质慎用。阳虚体质者畏寒怕冷、面色萎黄，鱼腥草性寒清热，故阳虚体质者少食。

四、如何食用鱼腥草

1.用法用量

炒菜、凉拌或煮水喝，可以用鲜品敷于患处。无严格剂量限制。

2.食疗方

（1）鱼腥草茶

材料：新鲜鱼腥草适量。

做法：将鱼腥草洗净放入半锅冷水中，水稍稍淹没鱼腥草，大火煮开两分钟即可。

服法：当茶饮。

功效：清热除烦。

（2）凉拌鱼腥草

材料：新鲜鱼腥草适量、佐料。

做法：把新鲜的鱼腥草去掉叶和老根，洗净焯水，再根据自己的喜好加调料，如醋或辣椒。

服法：当凉菜食用。

功效：清热，除烦，抑菌。

第四十五节 姜

生姜（图3-44）是姜科植物姜的新鲜根茎，是一种常用的药用和食用植物，在饮食调味中必不可少。当患上风寒感冒的时候，喝一碗生姜末和红糖熬的姜糖水，感冒会好转。

图3-44 生姜及干姜

一、姜作用的古代观点

（一）生姜

生姜味辛，性微温，归肺、脾、胃经。

1. 宣肺解表散寒

生姜善于发散风寒表邪，但是作用较弱，适用于治疗风寒感冒初起。《本草备要》："行阳分而祛寒发表，宣肺气而解郁调中。"《本草便读》："达肺经，发表除寒，横行有效。"

2. 和中降逆止呕

《长沙药解》："降逆止呕，泻满开郁，入肺胃而驱浊，走肝脾而行滞，荡胸中之瘀满，排胃里之壅遏。"生姜能祛除胃中的寒邪，可以止呕。生姜味辛，善于行气散结消滞，帮助恢复脾胃的运化功能。

3. 化痰

《药品化义》："生姜辛窜，药用善豁痰利窍。"《药性论》："主痰水气满，下气。"生姜温化水饮，辛散痰结。

（二）干姜

干姜是通过生姜炮制而成，性由微温变为热。干姜味辛，性热，归脾、胃、肾、心、肺经。

1. 温中散寒，回阳救逆

《本草备要》："炮则辛苦大热，除胃冷而守中。"《本草便读》："入脾胃，燥湿温中……味辛热，逐寒散冷，肾邪痹着重能轻。”中医常用干姜来回阳救逆，《伤寒论》中的四逆汤常常用来治疗四肢厥冷，阳气将绝的危证。

2.温肺化饮

《本草从新》:“辛热，逐寒邪而发表温经，燥脾湿而定呕消痰，同五味，利肺气而治寒嗽。”干姜善于入肺经温化寒饮，常与五味子相配伍。

二、姜的作用的现代研究

（一）生姜

生姜中含有多种活性物质，如姜精油、多糖类、烯类、黄酮类，还含有甾醇类、姜油树脂、姜黄素、姜辣素等。

生姜粉对阿司匹林诱发大鼠胃黏膜损伤模型的胃黏膜具有保护作用。生姜醇提取物能抑制幽门螺杆菌（Hp）的生长。隔姜灸可明显降低患者关节疼痛、肿胀、压痛的数量与程度，明显缩短晨僵时间，在临床症状及症状总评分等指标上优于雷公藤多苷片。咀嚼鲜生姜片配合西药治疗呕吐的效果较好，此法还具有缓解口干、预防口腔溃疡的作用，且简单易行、安全可靠。

（二）干姜

干姜的主要成分是挥发油，多为萜类物质，占0.25%~3.0%，干姜中还含有少量黄酮类、糖苷类、氨基酸、多种维生素和多种微量元素。

干姜中的姜酚类化合物有明显的镇痛消炎效果，干姜醇提取物有一定的抗炎作用。干姜醇提取物对胃黏膜有良好保护作用，可使实验动物溃疡指数显著降低。但对幽门结扎型大鼠胃液量、胃酸浓度、胃蛋白酶活性无抑制作用，提示其机制可能与增强胃黏膜防御能力有关。

三、姜的宜忌体质

1.适用体质

本品适用于阳虚和痰湿体质。生姜味辛微温，能够发散在表寒邪，又能温中散寒，故适用阳虚和痰湿体质。干姜更适用于治疗寒邪导致的腹痛、腹冷、泄泻等。

2.慎用体质

湿热和阴虚体质慎用。生姜性温味辛，能够助火伤阴。干姜温燥的性质更强，故热性疾病，包括湿热体质和阴虚体质者都不宜使用干姜。

四、如何食用姜

1.用法用量

作为常用调味剂，无严格剂量限制。生姜除了发散风寒，还有很好的止呕功效，可用来防止晕车。具体做法：取生姜一块，洗净后切成薄片，摊开晾约1小时，加入适量的蜂蜜并密封保存，乘车时，嚼上3～4片，对缓解晕车有很好的效果。

2.食疗方

（1）生姜大枣葱白饮

材料：生姜6片，大枣6个，葱白4寸，红糖1勺。

做法：将生姜、大枣、葱白、红糖一同放入锅中熬煮5～10分钟，可放入2滴醋。

服法：代茶饮用。

功效：温中散寒，回阳通脉。

（2）当归生姜羊肉汤

材料：当归20g，生姜30g，羊肉500g，黄酒、食盐适量。

做法：将当归、生姜清洗干净，当归用清水浸软，锅中加水烧至沸腾，下入羊肉略烫，除去血水和浮末，捞出清洗干净。将当归包入布包与羊肉和生姜一同放入砂锅，加入开水以大火烧开，加入黄酒，改用小火至羊肉熟烂，去掉当归，加入适当食盐即可。

服法：直接食用。

功效：温中散寒，回阳通脉，温肺化饮。

第四十六节　枳椇子

枳椇也叫拐枣、鸡爪梨（图3-45），作为药材使用最早记载于唐代《新修本草》，是鼠李科灌木植物北枳椇、枳椇以及毛果枳椇的种子或者带有肉质花序轴的果实。中药枳椇子能够解酒毒，适用于长期饮酒者调理身体，其胜过葛根之处在于解酒毒而不伤正气。

图3-45　枳椇及枳椇子

一、枳椇子作用的古代观点

枳椇子味甘，性平，入胃经。

1.利水消肿

本品能通利水道而消除水肿，用于水湿停蓄导致的水肿，小便不利。

2.止渴除烦

《世医得效方》："治饮酒多发积，为酷热蒸熏，五脏津液枯燥。"《滇南本草》记载其"能解酒毒"。后世医家发现，葛根和葛花解酒时偏于发散，对于气血虚弱而发热的人，效果不如枳椇子好。朱丹溪就曾记载一则医案如下：一男子因饮酒发热、又兼房劳，加葛根于补气血药中，一贴微汗，反倦怠，热如故。知气血虚，不宜葛根之散也，必得枳椇方可。

二、枳椇子作用的现代研究

1.保肝

实验表明，早期、足量应用枳椇子干预对高脂饮食引起的大鼠非酒精性脂肪肝有效。

2.抗衰老

实验表明不同剂量的枳椇子提取物均能改善D－半乳糖致急性衰老小鼠的学习记忆能力，具有延缓衰老的作用。

三、枳椇子的宜忌体质

1.适用体质

本品适用于痰湿、湿热和阴虚体质，枳椇子甘、平，能止渴除烦，解酒毒，又善于利水渗湿，因此，痰湿、湿热和阴虚体质可以食用，长期饮酒的人群可以食用。

2.慎用体质

阳虚体质慎用。多食发蛔虫、损齿，脾胃虚寒者禁服。

四、如何食用枳椇子

1.用法用量

无严格剂量限制。常规6～15g煎汤，或泡酒服。

2.食疗方

（1）枳椇猪肺汤

材料：鲜枳椇子120g，猪心、猪肺各1具，红蔗糖30g。

做法：枳椇子洗净，猪心、猪肺洗净并切成小块；将枳椇子、猪心肺、红蔗糖共同放入瓦罐中，加清水1000mL，小火慢炖60分钟后，调入少许精盐、味精。

服法：直接食用。

功效：解渴除烦。

（2）枳椇子酒

材料：枳椇子干2枚，低度烧酒500mL。

做法：先将枳椇子洗净，用刀切开，浸入烧酒中密封。

服法：1周后启封饮用，每日2次，每次20mL。

功效：祛风胜湿。

第四十七节　枸杞子

枸杞子（图3-46），为茄科植物枸杞的成熟果实，主产于宁夏。网络上曾流传：人到中年不容易，保温杯里泡枸杞。枸杞成了延年益寿的佳品。

图3-46　枸杞子及干燥成品

一、枸杞子作用的古代观点

枸杞子味甘，性平、微寒，入肝、肾经，擅长于滋补肾精，补肝血。

1.滋肾水，养肝木

《玉楸药解》："补阴壮水，滋木清风。"《本草经疏》："专于补肾、润肺、生津、益气，为肝肾真阴不足、劳乏内热补益之要药。"《本草通玄》："枸杞子，补肾益精，水旺则骨强。"肾藏精为一身阴阳之根本，肝肾同源，肝血与肾精可以相互滋养，枸杞子既补肾精，又补肝血，滋阴生津。

2.滋阴清热生津

《本草撮要》："苦甘而凉，清上焦心肺客热，代茶止消渴。"《本草经解》："味苦可以清热，气寒可以益水也，水益火清，消渴自止。"枸杞子性凉又可清热，肾水得以补足，生精化液，阴虚火热可以消除。

二、枸杞子作用的现代研究

本品枸杞子含有甜菜碱、氨基酸、维生素、枸杞多糖等化学成分。

1.抗氧化作用

枸杞提取液的人体试验显示对记忆具有保护作用，并且能够提高智力，增强记忆力，改善睡眠，可明显抑制血清过氧化脂质生物，使血中谷胱甘肽过氧化物酶活力增高。能有效对抗自由基过氧化，具有调节脂质代谢的反应，可以解决体内电解质紊乱问题，对肾功能衰竭有明显的改善作用。

2.降血糖作用

枸杞具备一些降血糖的作用，主要是由于其中含有某种物质的衍生物和枸杞多糖。研究显示，将枸杞子提取液对小鼠进行灌入，发现其对实验性糖尿病小鼠有明显的降血糖作用，有效率达100%；且对正常小鼠血糖无影响。

3.抗衰老作用

有人进行试验，通过每日两次口服枸杞子提取液，连续服用8周后，发现其免疫功能有所提高，结合细胞寿命学说，认为枸杞子具有较为明显的延长细胞寿命作用。

三、枸杞子的宜忌体质

本品适用于阴虚、气虚和痰热体质。枸杞子补肝肾之精，长于滋肾精、补肝血，主要治疗肝肾阴虚、精血不足所导致的腰膝酸软、眩晕耳鸣、内热消渴、阳痿遗精等症。

四、如何食用枸杞子

1.用法用量

枸杞子性质平和，可以用作日常的养生保健，无严格剂量限制。常规6～15g煎汤，或泡酒服。

2.食疗方

（1）枸杞八宝茶

材料：枸杞子、红枣、黑芝麻、冰糖、核桃仁、桂圆、山楂、酸枣、葡萄干、菊花适量。

做法：将枸杞子、红枣、黑芝麻、冰糖、核桃仁、桂圆、山楂、酸枣、葡萄干、菊花等一同泡茶饮用。

服法：直接饮用。

功效：滋补肝肾，益精明目。

（2）枸杞子糯米粥

材料：枸杞子50g，白糖15g，糯米100g。

做法：三种食材一同放入砂锅内，加水用小火烧至沸腾，待米开花，汤稠有油出现即可，焖5分钟。

服法：每日早晚温服，长期食用。

功效：益精明目，滋补肝肾。

（3）枸杞膏

材料：新鲜枸杞子1000g。

做法：取新鲜枸杞子1000g，去蒂，装入干净的布袋中，捣烂取汁，之后把汁倒入砂锅内，浇上100g烧酒，用小火熬成膏，放入瓶内。

服法：每日早晚服用10g，长期食用。

功效：延年益寿。

第四十八节　栀子

栀子（图3-47）为茜草科栀子属植物栀子的干燥果实，具有护肝、利胆、降压、镇静、止血、消肿等作用。中医临床常用于治疗黄疸型肝炎、扭挫伤、高血压、糖尿病等。栀子花是岳阳市市花。近年来，栀子在药品及保健食品中的应用越来越广泛。

图3-47　栀子花及干燥栀子

一、栀子作用的古代观点

栀子味苦，性寒，归心、肺、三焦经。清泻三焦火邪，又能除心中烦热，治疗实热证兼心烦有较好的效果。

1.清热泻火

《神农本草经》:“主五内邪气，胃中热气，面赤。”《雷公炮制药性解》:“主五内邪热，亡血津枯，面红目赤，痈肿疮疡，五种黄病，开郁泻火，疗心中懊侬颠倒而不眠。”

2.清热利湿

《长沙药解》:“泻脾土而驱湿热，吐胸膈之浊瘀，退皮肤之熏黄。”栀子苦能燥湿，善于治疗肝胆湿热所导致的黄疸。

3.解热毒，治疮疡

《常用中草药手册》中引用古代观点：“清热解毒，凉血泻火……鼻衄，口舌生疮，乳腺炎，疮疡肿毒。”中医学认为皮肤出现红肿热痛是热毒蕴结导致的，可用栀子清热凉血，消肿解毒。

二、栀子作用的现代研究

栀子化学成分主要有环烯醚萜类、单萜苷类、二萜类、三萜类、有机酸酯类、黄酮类、挥发油、多糖及各种微量元素等。主要有以下作用。

1.保肝利胆作用

栀子提取物能通过促进动物体内磷酸尿苷的生物合成，抑制D-GLaN与尿苷的结合，促进胆汁的排泄而起保肝作用。栀子苷可增加正常大鼠以及由异硫氰酸-1-萘脂所致的肝损伤大鼠的胆汁分泌量，说明其具有利胆作用。

2. 促进胰腺分泌作用

栀子及其提取物有降胰酶活性效应。栀子苷有显著的降低胰淀粉酶作用，而其酶解产物京尼平增加胰胆流量作用最强，持续时间较短。栀子通过清除重症急性胰腺炎时胰腺亚细胞器氧自由基，对抗脂质过氧化，保护胰腺亚细胞器结构和功能的正常。

3. 降糖作用

栀子苷治疗糖尿病小鼠模型30天后，血糖水平降低，而血浆胰岛素水平升高，口服耐糖量（OGTT）改善，并且促进了胰岛β细胞增殖。

4. 抗炎作用

利用体外脂多糖（LPS）刺激小鼠巨噬细胞模型和体内LPS致肺损伤模型研究栀子苷的抗炎作用，结果显示栀子苷能够显著抑制体内外LPS诱导TNF-α、IL-6和IL-1β的产生，在小鼠体内实验中，栀子苷能减弱肺部病理变化，栀子苷能够通过上调Toll样受体4（TLR4）的表达来发挥抗炎作用，在抑制急性肺损伤中是非常有效的，可能成为治疗急性肺损伤的一种有效药物。

三、栀子的宜忌体质

1. 适用体质

本品适用于阴虚、湿热和气郁体质，前两种体质者好动少静，喜凉惧热，心烦易怒，性格外向，栀子苦寒，泻火除烦之力强，能清泻三焦火邪，泻心火而除烦，为治疗热病心烦、躁扰不宁的要药。气郁者肝火较盛，栀子善于清利下焦肝胆湿热，气郁者可以食用。

2.慎用体质

阳虚体质者慎用。脾胃虚寒或寒证者忌用，栀子苦寒，能清热泻火，如果有寒证，使用后会伤害脾胃的阳气，加重病情。

四、如何食用栀子

1.用法用量

无严格剂量限制。常规6～15g。

2.食疗方

栀子仁莲子粥

材料：栀子仁5g，莲子10g，粳米50g，白糖适量。

做法：栀子仁5g碾成细末。先煮莲子10g，粳米50g。粥成时，调入栀子末稍煮即可，加白糖适量调匀服食。

服法：当粥食用，连服3～5日。

功效：清热化湿。

第四十九节　砂仁

砂仁（图3-48）是姜科豆蔻属多年生草本植物，别称缩砂仁、缩砂蜜。分布于中国福建、广东、广西和云南，栽培或野生于山地荫湿之处，以广东阳春的品质最佳。砂仁观赏价值较高，初夏可赏花，盛夏可观果。在传统饮食里砂仁是一种常用的芳香料及调味料。

图3-48　砂仁及干燥成品

一、砂仁作用的古代观点

砂仁味辛，性温，归脾、胃、肾经。

1.温中止泻

《雷公炮制药性解》："主虚寒泻痢，宿食不消……砂仁为行散之剂，故入脾胃诸经，性温而不伤于热……"《药性论》："主冷气腹痛，止休息气痢，劳损，消化水谷，温暖脾胃。"《开宝本草》："治虚劳冷痢，宿食不消，赤白泻痢，腹中虚痛，下气。”《本草经解》：“砂仁气温益气，味涩可以止泄也。”

2.化湿健脾

《玉楸药解》：“补中扶土之内，温升其肝脾，清降其肺胃，无有忧矣。和中之品，莫妙如砂仁，冲和条达，不伤正气，调理脾胃之上品也。”

3.理气安胎

《雷公炮制药性解》：“安胎止吐，下气化酒食。”《玉楸药解》：“能安胎妊，调上焦之腐酸，理下气之秽浊，除咽喉口齿之热，化铜铁骨刺之鲠。”

二、砂仁作用的现代研究

1.抗溃疡作用

砂仁挥发油对胃液、胃酸、胃泌素分泌及胃蛋白酶活性等有明显的抑制作用，对胃黏膜有一定的保护作用。

2.抑菌作用和调节菌群作用

砂仁挥发油对某些菌群有一定的抑菌作用，砂仁对菌群失调有显著的恢复作用。

3.降血糖作用

砂仁提取物不仅可以降低血糖含量，还对胰岛 β 细胞有保护作用，还能很好地改善胰岛 β 细胞的超微结构。

4.抗氧化作用

姜砂仁抗氧化活性最好，第二为盐砂仁，砂仁干品的抗氧化活性最差。

三、砂仁的宜忌体质

本品适用于气虚、气郁和痰湿体质。砂仁可温中止泻，冲和条达，化湿行气不伤正气，是调理脾胃的上品。

四、如何食用砂仁

1.用法用量

无严格剂量限制。可成颗放入煲汤，也可去皮炒干果，或将干果用布包好，用锤子把它们砸成碎末，用来做调味料。

2.食疗方

（1）砂仁粥

材料：粳米100g，砂仁3g。

做法：砂仁研末备用。粳米淘净，放入砂锅，加入适量清水，大火煮沸，小火熬至粥烂粥稠，放入砂仁末，再煮两沸即成。

功效：暖脾胃，化湿行气消胀。

（2）豆蔻砂仁荷叶饮

材料：白豆蔻2g，砂仁2g，荷叶1/2张。

做法：将荷叶洗净，切碎，与洗净的白豆蔻、砂仁一同放入砂锅，加适量水，大火煮沸，改用小火煨煮20分钟，药汁当茶饮用。

功效：消食宽胀，行气和胃。

（3）砂仁茶

材料：砂仁1.5g。

做法：将砂仁放入茶杯中，用沸水冲泡。

服法：代茶，频频饮用，可连续冲泡3～5次。

功效：健脾，行气，消胀。

第五十节　胖大海

胖大海（图3-49），别名大海、大海子、大洞果、大发，为梧桐科苹婆属植物胖大海的干燥成熟种子。胖大海为落叶喜阳植物，原产于越南、印度、马来西亚、泰国和印度尼西亚等国。

图3-49　胖大海及干燥成品

一、胖大海作用的古代观点

胖大海味甘、淡，性凉，归大肠、肺经。

胖大海具有清肺化痰、利咽开音、润肠通便的功效，主治肺热声哑、咽喉疼痛、咳嗽、燥热便秘、头痛目赤。《本草拾遗》："治火闭痘，并治一切热症劳伤吐衄下血，消毒去暑，时行赤眼，风火牙疼，虫积下食，痔疮漏管，干咳无痰，骨蒸内热，三焦火症。"

二、胖大海作用的现代研究

胖大海的主要成分为多糖类成分、胖大海素、脂肪酸、微量元素等。主要有以下作用。

1.抑病毒

胖大海对病毒有较强抑制作用。

2.缓泻

胖大海种子浸出液对兔有缓泻作用。

3.抑菌

由胖大海、卤地菊与甘草组成的复方对呼吸道常见菌的抑制作用较强，对痢疾杆菌引起的急性弥漫性纤维蛋白渗出性炎症有缓解作用。

4.免疫

胖大海能增强胸腺和脾脏功能。

三、胖大海的宜忌体质

1.适用体质

本品适用于阴虚、痰湿和湿热体质。痰湿蕴肺者咳嗽反复发作，痰多黏腻或稠厚成块，胖大海可清肺化痰、利咽开音，尤其适用于风热犯肺所致的急性扁桃体炎、咽喉疼痛、声音嘶哑的人群。湿热体质者多有面垢油光、痤疮粉刺，常感口干口苦、眼睛红赤、心烦懈怠、身重困倦、小便赤短、大便燥结或黏滞，胖大海可润肠通便，适用于慢性便秘、痔疮、大便出血的人群。

2. 慎用体质

阳虚体质和特禀质慎用。胖大海具有一定的毒性，其果仁可引起动物呼吸困难、肺充血水肿、运动失调，极少数患者对胖大海过敏，甚至可致命，因此，阳虚体质和过敏体质慎用。另外，由风寒感冒引起的咳嗽者，脾胃虚寒者，糖尿病患者，以及烟酒过度引起的嘶哑不宜服用。

四、如何食用胖大海

1. 用法用量

食用胖大海最好是泡服含咽法，每次3～5枚，用沸水泡之，15分钟后缓慢咽下。服用两三天即可，连服不超过7天。急性扁桃腺炎，用胖大海3～5枚，开水泡服两三天。风热感冒用胖大海5枚，甘草3g，泡茶饮用。胖大海性凉，不宜长期过量服用。

2. 食疗方

（1）胖大海甘桔饮

材料：胖大海2个，桔梗10g，甘草6g。

做法：煎汤饮。

服法：代茶饮用。

功效：用于治疗肺热咳嗽、咽痛音哑。

（2）胖大海茶

材料：胖大海4个，蜂蜜适量。

做法：沸水浸泡饮。

服法：代茶饮用。

功效：用于治疗肠道燥热、大便秘结。

第五十一节　茯苓

茯苓（图3-50）为多孔菌科真菌茯苓的干燥菌核，别名茯菟、松腴、不死面、松薯、松苓、松木薯。入药部位为真菌的干燥菌核。云南产者称“云苓”，质较优。

图3-50　茯苓及干燥成品

一、茯苓作用的古代观点

茯苓味甘、淡，性平，归心、肺、脾和肾经。

1. 利水渗湿

《本草纲目》:“茯苓气味淡而渗，其性上行，生津液，开腠理，滋水源而下降，利小便，故张洁古谓其属阳，浮而升，言其性也；东垣谓其为阳中之阴，降而下，言其功也。”《名医别录》:“止消渴好睡，大腹淋沥，膈中痰水，水肿淋结。”《世补斋医术》:“茯苓一味，为治痰主药，痰之本，水也，茯苓可以行水。痰之动，湿也，茯苓又可行湿润。”中医学常用茯苓来调理小便不利、水肿等症，并且茯苓药性平和，利水而又不伤身体。

2. 健脾胃

《本草正》:“能利窍去湿，利窍则开心益智，导浊生津；去湿则逐水燥脾，补中健胃。”《用药心法》记载茯苓“益脾逐水，生津导气”。《本草正》记载茯苓能“补中健胃；祛惊痫，厚肠藏”。茯苓是调理胃肠疾病的一味良药。

3. 宁心

《本草衍义》:“茯苓、茯神，行水之功多，益心脾不可阙也。”《本草经疏》记载茯苓可“开胸腑，调脏气……补心益脾……”中医学常用茯苓调理心神不安、心悸、抑郁、失眠、多梦等症。

二、茯苓作用的现代研究

1.利尿作用

茯苓的利尿作用主要与茯苓素作为新的醛固酮受体拮抗剂有关。

2.抗炎作用

茯苓乙醇提取物体外具有较强抗炎活性。

3.保肝作用

茯苓对肝损伤有明显的保护作用。

4.胃肠作用

茯苓多糖在胃肠道的代谢中对肠道菌发挥着重要作用。

5.免疫作用

茯苓能增强小鼠特异性细胞免疫功能。

6.镇静作用

茯苓总三萜具有明显的抗惊厥作用。

三、茯苓的宜忌体质

本品适用于气虚、阴虚、阳虚、痰湿和湿热体质。茯苓常用做健脾、补气虚的辅佐药，适用体质较多。

四、如何食用茯苓

1.用法用量

无严格剂量限制。

2.食疗方

（1）枸杞茯苓茶

材料：枸杞子50g，茯苓100g，红茶100g。

做法：将枸杞子与茯苓共研为粗末，每次取5～10g，加红茶6g，用开水冲泡10分钟即可。

服法：每日两次，代茶饮用。

功效：健脾益肾，利尿通淋。

（2）莲子茯苓糕

材料：茯苓、莲子、麦冬适量。

做法：茯苓、莲子、麦冬各等份，共研为末，加入白糖、桂花适量拌匀，加水和面蒸糕食。

服法：直接食用。

功效：宁心健脾。

（3）茯苓酒

材料：茯苓60g，白酒500g。

做法：将茯苓泡入酒中，7天后即可饮用。

服法：当酒饮用，每次不超过50mL。

功效：利湿强筋，宁心安神。

（4）茯苓芝麻粉

材料：茯苓、芝麻（以黑芝麻为佳）适量。

做法：取茯苓、芝麻（以黑芝麻为佳）各等份。先将茯苓研成细末。芝麻炒熟，冷后研细粉。将两者混匀，贮于瓷罐内。

服法：每天早晚各取20～30g，用白水（或蜂蜜水）冲服。

功效：健脾益智，防老抗衰。

第五十二节　香橼

香橼（图3-51）又名枸橼或枸橼子，为芸香科植物枸橼或香橼的干燥成熟果实，产自中国台湾、福建、广东、广西、云南等南部省区。香橼似橘非橘，干可入药。

图3-51　香橼及干燥成品

一、香橼作用的古代观点

香橼味辛、苦、酸，性温，归肝、脾、肺经。

1.疏肝理气，宽中

《医林纂要探源》："治胃脘痛，宽中顺气，开郁……"《本草再新》："平肝舒郁，理肺气，通经利水……"《本草通玄》："理上焦之气、止呕逆……"香橼皮气芳香味辛而能行散，苦能降逆，有疏肝理气、和中止痛之效，用于治疗肝胃气滞、胸胁胀痛。

2.燥湿化痰

《本草便读》："香圆皮，下气消痰，宽中快膈……"《本经逢原》："治咳嗽气壅……"用于脘腹痞满、呕吐噫气、痰多咳嗽。

二、香橼作用的现代研究

1.抗炎作用

香橼所含的橙皮苷对眼睛球结膜血管内细胞凝聚及毛细血管抵抗力降低有改善作用，还可增加肾上腺、脾及白细胞中维生素C的含量。

2.抗病毒作用

橙皮苷加入水泡性口炎病毒前，能保护细胞不受病毒侵害约24小时。

3.其他作用

橙皮苷有预防冻伤和抑制晶状体的醛还原酶作用。黄檗酮有增强离体兔肠张力和振幅的作用。

三、香橼的宜忌体质

1.适用体质

本品适用于痰湿和气郁体质。香橼味辛、苦，辛能行散，苦能燥湿，温能通，有燥湿化痰之功，用于治疗痰湿壅盛之咳嗽痰多。香橼有温化之力，可散肝、胃之郁气，用以治疗胃痛胀满、胸闷、胁痛等症。

2. 慎用体质

阴虚体质慎用。香橼性温，阴虚内热者少用。

四、如何食用香橼

1. 用法用量

无严格剂量限制，食用时能直接泡水喝，也可加入适量砂糖或蜂蜜调味。入药后的香橼则适用煎汤食用，也能把干燥以后的香橼研成粉末直接口服。

2. 食疗方

（1）香橼糖浆

材料：香橼两个，麦芽糖适量。

做法：香橼洗净后，捣碎与麦芽糖一起放在带盖的碗中，隔水入锅蒸，开锅后再蒸半小时，蒸到碗中的香橼软烂取出后调匀。

服法：直接食用。

功效：可用于治疗肝胃气滞、胸胁胀痛、脘腹痞满。

（2）香橼露

材料：陈香橼100g。

做法：将香橼放入瓶中加入适量清水，盖好瓶盖，再连接准备好的冷凝管，随后放到加热炉中加热，等烧开以后就会有蒸馏液流出，得到的液体就是香橼露。

服法：直接口服。

功效：可用于治疗脘腹痞满、呕吐嗳气、痰多咳嗽。

（3）香橼酒

材料：香橼、白酒适量。

做法：把干燥的香橼洗净切成片状，放在容器中，然后倒入其10倍重量的高度白酒密封浸泡，30天以后可食。

服法：直接饮用，每次用量不要超过30g。

功效：可缓解脘腹痞满、呕吐嗳气、痰多咳嗽。

第五十三节　香薷

香薷（图3-52）为唇形科香薷属植物，别名香菜、香茸等，分布于华东、中南地区以及中国台湾、贵州等地。入药部位是香薷的带根全草或地上部分。

图3-52　香薷及干燥成品

一、香薷作用的古代观点

香薷味辛，性微温，入肺、胃经。

1.发汗解表，化湿和中

《滇南本草》:“解表除邪……温胃，和中。”《本草纲目》:“世医治暑病，以香薷饮为首药……霍乱者，宜用此药，以发越阳气，散水和脾……”《幼科要略》:“香薷辛温发散，能泄宿水，夏热气闭无汗，渴饮停水……”《食物本草》:“夏月煮饮代茶，可无热病，调中温胃；含汁漱口，去臭气。”主治外感风寒、内伤于湿、恶寒发热、头痛无汗、脘腹疼痛、呕吐腹泻。

2. 利水消肿。

《名医别录》:“主霍乱，腹痛吐下，散水肿。”《日华子诸家本草》:“下气，除烦热，疗呕逆冷气。”《名医别录》:“主霍乱腹痛吐下者……亦非香薷轻清所能胜任。散水肿者……香薷达表通阳，又能利水……”《本草衍义补遗》:“香薷有彻上彻下之功，治水甚捷。肺得之则清化行而热自下。又大叶香薷治伤暑，利小便……”《本经逢原》:“香薷，先升后降……解热利小便，治水甚捷。”《本草正义》:“香薷……疏膀胱，利小便，以导在里之水。”主治小便不利、水肿脚气。

二、香薷作用的现代研究

青香薷挥发油动物实验有局麻镇痛作用，有抑菌、抗病毒、抗炎作用，可以缓解细菌性痢疾的腹痛和腹泻，可刺激消化腺分泌及胃肠蠕动，刺激肾血管而利尿，可以平喘、镇咳、祛痰，还可增强机体的特异性和非特异性免疫功能，降低大鼠的血压等。

三、香薷的宜忌体质

1. 适用体质

本品适用于痰湿、湿热和气郁体质。痰湿体质多为气血津液运化失调，水湿停聚，聚湿成痰，痰湿内蕴，留滞脏腑，香薷可通阳解表，导水利湿。《本草汇言》："香薷，和脾治水之药……散水肿者，除湿利水之功也。"湿热体质可用。《本草经疏》："香薷，辛散温通，故能解寒郁之暑气，霍乱腹痛……"

2. 慎用体质

气虚、阴虚体质慎用。表虚自汗、火盛气虚、阴虚有热者禁用。

四、如何食用香薷

1. 用法用量

香薷开水煮沸，或小火慢煮，或作调料烹制肉类，亦可作增香调味品，还可做成药丸。常规3～9g。

2. 食疗方

（1）香薷饮

材料：香薷10g，白扁豆、厚朴各5g。

做法：水煎。

服法：当茶饮。

功效：解表化湿。

（2）香薷薄荷茶

材料：香薷、薄荷、淡竹叶各5g，车前草10g。

做法：水煎。

服法：当茶饮。

功效：化湿清热。

（3）香薷粥

材料：香薷10g，大米100g，白糖适量。

做法：将香薷择净，放入锅中，加清水适量，水煎取汁，加大米煮粥，待熟时调入白糖。

服法：当粥食，连续3～5天。

功效：化湿利水。

（4）香薷二豆饮

材料：白扁豆30g，香薷15g，扁豆花5朵。

做法：水煎。

服法：取汁频饮。

功效：化湿解表。

第五十四节　桃仁

桃仁（图3-53）为蔷薇科植物桃或山桃的干燥成熟种子。

图3-53　桃及干燥桃仁

一、桃仁作用的古代观点

桃仁味苦、甘，性平，归心、肝、大肠经。

1.活血化瘀

《本草纲目》："桃仁行血，宜连皮、尖生用。润燥活血，宜汤浸去皮、尖炒黄用……"李杲云："治热入血室，腹中滞血，皮肤血热燥痒，皮肤凝聚之血。"《神农本草经》："瘀血血闭，症瘕邪气，杀小虫。"《本草纲目》："主血滞风痹，骨蒸，肝疟寒热，产后血病……"用于治疗经闭痛经、癥瘕痞块、肺痈、肠痈、跌仆损伤。

2.润肠通便

《医学启源》："治大便血结"。用于治疗肠燥便秘。

3.止咳平喘

《名医别录》:“止咳逆上气，消心下坚硬，除卒暴击血，通月水，止心腹痛。”

二、桃仁作用的现代研究

1.保护心血管

桃仁具有活血化瘀等功效，其提取物具有增加局部血流量降低血液黏度，改善血液流变学等作用。桃仁水提液能减轻心脏等脏器损伤。桃仁能降低急性心肌梗死患者心电图ST段的抬高，抑制机体内的相关酶，对抗心肌缺血。

2.免疫调节及抗肿瘤作用

桃仁提取物对机体免疫具有良好的增强作用，桃仁蛋白能抑制肿瘤细胞的增殖。

3.抗炎作用

桃仁的水提取物具有较高的抗炎作用，桃仁蛋白对炎症血管通透性具有明显的抑制作用，能有效地提高血管通透性。

三、桃仁的宜忌体质

1.适用体质

适用于瘀血、阴虚和气虚体质。桃仁可破血行瘀。肠燥、大便干结的阴虚体质者可服用桃仁，起到润肠通便的作用。肺气不足者，水液停聚于肺系会导致肺气上溢，失于肃降而出现咳嗽咯痰喘息，桃仁含有苦杏仁苷，可治疗咳嗽、气喘。

2. 慎用体质

阳虚体质慎用。桃仁味苦，孕妇及体虚便溏者慎用。

四、如何食用桃仁

1. 用法用量

桃仁味苦，常规入丸、散剂，每次5～10g。

2. 食疗方

（1）桃仁粥

材料：桃仁15g，粳米100g。

做法：将桃仁捣碎，然后加入粳米、水，一起烹煮，熬成粥，加少许油和盐调味。

服法：早晚各食用1次。

功效：用于治疗心腹痛、上气道咳嗽、胸膈痞满、喘急。

（2）桃仁黑豆汤

材料：桃仁10g，黑豆50g，红糖30g。

做法：先将黑豆在热锅中用慢火炒至豆衣裂开，用清水冲洗干净，再将黑豆与洗净的桃仁一起放入砂煲内，加入适量清水，先小火煮沸，再用慢火继续煲至豆烂，加入红糖搅匀。

服法：直接饮用。

功效：补肾滋阴，活血补气。

（3）桃仁饮

材料：桃仁10g，决明子30g，鲜香芹250g，白蜜适量。

做法：将洗净的香芹榨取鲜汁；再将桃仁、决明子打碎，加入清水煎煮药汁；后加入香芹汁、白蜜，

服法：当饮品食用。

功效：健脾益胃，补中益气。

第五十五节　桑叶

桑叶（图3-54）是桑科植物桑树的干燥叶。桑叶是蚕的主要食物，又名家桑、荆桑、桑椹树、黄桑叶等。

图3-54　桑叶及干燥成品

一、桑叶作用的古代观点

桑叶气淡，味微苦、涩，性寒，归肺、肝经。

1.疏散风热，清肺润燥

《神农本草经》："除寒热，出汗。"《日华子诸家本草》：

“除风痛出汗，并补损瘀血，并蒸后罯……”《本草蒙筌》：“止霍乱吐泻，出汗除风痹疼。炙和桑衣煎浓，治痢诸伤止血。”《本草备要》：“燥湿，去风明目。”《本经逢原》：“桑叶清肺胃，去风明目。取经霜者煎汤，洗风眼下泪。”《神农本草经》：“除寒热出汗，煎饮利五脏，通关节下气……桑叶主治能除寒热。”《本草求真》：“清肺泻胃，凉血燥湿，去风明目。”《本草经解》：“桑叶入膀胱而有燥湿之性，所以出汗也。”《得配本草》：“清西方之燥，泻东方之实。”主治风热感冒、温病初起、肺热咳嗽、燥热咳嗽等症。

2.平抑肝阳，清肝明目

《本草新编》：“桑叶之功，更佳于桑皮，最善补骨中之髓、添肾中之精，止身中之汗，填脑明目，活血生津。”《本草分经》：“苦甘而凉。滋燥凉血，止血去风，清泄少阳之气热。”主治肝阳眩晕、目赤昏花等症。

二、桑叶作用的现代研究

1.降血糖

桑叶多糖能改善2型糖尿病患者的高脂水平和链脲佐菌素诱导的大鼠肝细胞葡萄糖代谢和胰岛素抵抗。

2.抗高血脂

桑叶中含有的异槲皮苷、黄芪苷、东莨菪苷及苯甲醇的糖苷可以抑制动脉粥样硬化、血清脂质增加。

3.抗氧化

桑叶提取物具有显著清除DPPH自由基、超氧阴离子能力，并具有良好的还原能力，还能够抑制Fe脂质过氧化。

4.抗肿瘤

桑叶含有多种黄酮类化合物、1—脱氧野尻霉素、γ—氨基丁酸，能有效防止癌细胞地生成。

5.抗炎

桑树提取物可以在转录和蛋白水平减少炎症介质和细胞因子的产生，并能作为一个抗炎因素抑制NFB调节的炎症通路。

6.保肝护肝

桑叶提取物能显著降低脂质过氧化和抑制脂质沉积和肝纤维化。

三、桑叶的宜忌体质

本品适用于痰热、痰湿、阴虚和气郁体质。桑叶可清肺润燥、清肝明目、利水消肿。

四、如何食用桑叶

1.用法用量

无严格剂量限制。桑叶用作茶饮料，还可制作成桑叶面、桑叶小甜饼、桑叶荞麦面等系列食品。桑叶提取物可作糕点的安全色素。

2.食疗方

（1）桑叶薄菊枇杷茶

材料：桑叶500g，黄菊花250g，枇杷叶250g，薄荷250g。

做法：上述诸药共制成粗末，用洁净的纱布袋分装，每袋10～15g。每次取1袋，放入茶杯中，沸水冲泡，加盖焖10分钟即成。

服法：代茶频饮。

功效：疏风清热，解表清肺。

（2）桑叶浮小麦茶

材料：桑叶（以霜桑叶为好）10g，浮小麦30g。

做法：将桑叶搓碎，入大茶杯中，备用。取锅，加入浮小麦，水煎去渣取汁，用浮小麦汁冲泡桑叶，加盖焖10分钟即成。

服法：代茶频饮。

功效：清热止汗。

第五十六节　桑椹

桑椹（图3-55）又名桑椹子、桑蔗、桑枣、桑果、桑泡儿、乌椹等，是桑科植物桑树的果穗。成熟的桑椹质油润，酸甜适口，以个大、肉厚、色紫红、糖分足者为佳。全国大部分地区均产。

图3-55　桑椹及干燥成品

一、桑椹作用的古代观点

桑椹味甘、酸，性寒，归心、肝、肾经。

桑椹能补血滋阴，生津润燥。《本草经疏》："桑椹，甘寒益血而除热，为凉血补血益阴之药，消渴由于内热，津液不足，生津故止渴……性寒而下行利水，故利水气而消肿。"《本草述》："故益阴血，还以行水，风与血同脏，阴血益则风自息。"《本经逢瓯》："《本经》桑根白皮所主，皆言桑椹之功……世鲜采用，惟万寿酒用之。"用于治疗眩晕耳鸣、心悸失眠、须发早白、津伤口渴、内热消渴、血虚便秘。

二、桑椹作用的现代研究

1. 增强免疫功能

本品能增强动物巨噬细胞的吞噬功能。

2. 促进T淋巴细胞成熟

桑椹水煎剂对小鼠淋巴细胞ANAE阳性率有促进作用。

3. 降低红细胞 Na^+-K^+-ATP 酶活性

桑椹可使不同月龄的小鼠和LACA小鼠红细胞膜 Na^+-K^+-ATP 酶的活性显著下降。

4. 促进造血机能

本品可促进造血细胞地生长，并对粒系祖细胞地生长有促进作用。

5. 促进淋巴细胞转化

桑椹有中度促进淋巴细胞转化的作用。

6. 升高外周白细胞

桑椹可能有防止环磷酰胺所致的白细胞减少症发生的作用。

三、桑椹的宜忌体质

1. 适用体质

桑椹具有补血滋阴、生津止渴、补肝益肾、润肠燥的功效。适用于湿热、阴虚体质。

2. 慎用体质

阳虚体质慎用。体虚便溏者不宜食用，儿童不宜大量食用。

四、如何食用桑椹

1.用法用量

一般人群均可食用桑椹，但是不宜多食，不宜与海鲜同食。可洗净鲜用，亦可晒干或略蒸后晒干用。

2.食疗方

（1）桑椹汁

材料：新鲜桑椹200g。

做法：洗净，捣烂如泥，用纱布绞汁。

服法：以温开水送服即可。

功效：补血滋阴，生津止渴。

（2）桑椹粥

材料：干桑椹30～60g（鲜品60～90g），糯米60g，冰糖适量。

做法：上述材料一起煮成粥，加冰糖适量即可。

服法：直接食用。

功效：滋补肝肾。

第五十七节　橘红

橘红（图3-56），别名芸皮、芸红，为芸香科植物橘及其栽培变种的干燥外层果皮，以片大、色红、油润者为佳，产于福建、浙江、广东、广西、江西、湖南、贵州、云南、四川等地。

图3-56 化州橘及干燥橘红

一、橘红作用的古代观点

橘红味辛、苦，性温，归肺、脾经。

1.理气宽中

《药品化义》："橘红，辛能横行散结，苦能直行下降，为利气要药。盖治痰须理气，气利痰自愈，故用入肺脾，主一切痰病，功居诸痰药之上。"《医学启源》："理胸中、肺气……"主治咳嗽痰多、食积伤酒、呕恶痞闷。

2.燥湿化痰

《本草纲目》："下气消痰。"《本经逢原》："橘红专主肺寒咳嗽多痰，虚损方多用之，然久嗽气泄，又非所宜。"《医林纂要探源》："橘红专入于肺，兼以发表。去皮内之白，更轻虚上浮，亦去肺邪耳。"

二、橘红作用的现代研究

1. 对呼吸系统的作用

化橘红有效成分柠檬烯有显著祛痰止咳作用。

2. 抗氧化作用

化橘红水提取液有抑制小鼠肝脏脂质过氧化反应，清除氧自由基，减轻经0^{2-}诱导的透明质酸解聚作用。

3. 抗炎作用

柚皮苷腹腔注射可减轻小鼠甲醛性足跖肿胀。柚皮苷静脉注射可抑制微血管增渗素引起的大鼠毛细血管通透性增高。

4. 其他作用

化橘红所含黄酮类具有与低分子右旋糖酐相似的作用，可降低血小板聚集，增加血液悬浮的稳定性及增快血流等。芳樟醇口服可减少小鼠的自发活动。

三、橘红的宜忌体质

橘红可理胸中肺气，有燥湿化痰的功效，主治咳嗽痰多。适用于气郁和痰湿体质。

四、如何食用橘红

1. 用法用量

无严格剂量控制。

2.食疗方

（1）二陈汤

材料：半夏（汤洗7次）、橘红各15g，白茯苓9g，炙甘草4.5g，生姜7片，乌梅1个。

做法：水煎。

服法：温服。

功效：燥湿化痰，理气和中。

（2）橘红生姜蜂蜜水

材料：生姜、橘红、蜂蜜适量，量要多就多用。

做法：先将橘红、生姜加水煎煮，煎煮约15分钟后留取煎液，然后再加水煎煮，取煎液3次。把取出的煎液合并以小火煎熬浓缩，呈黏稠状态时加入蜂蜜，煮沸装瓶。

服法：每日服3次，每次3汤匙。

功效：祛寒止咳。

第五十八节　桔梗

桔梗（图3-57）为桔梗科植物桔梗的干燥根，别名梗草、苦桔梗、土人参，始载于《神农本草经》，列为下品，药用历史悠久，分布于中国、朝鲜、韩国、日本等国以及西伯利亚东部地区。

图3-57　桔梗及干燥成品

一、桔梗作用的古代观点

桔梗性平，味苦、辛，归肺经。

1.宣肺气，载药上行

《本草备要》:“凡痰壅喘促、鼻塞（肺气不利）目赤、喉痹咽痛……并宜苦梗以开之。为诸药舟楫，载之上浮。”《本草便读》:“为诸药之舟楫，开提肺气散风寒，扫上部之邪氛。”《本草崇原》:“桔梗，治少阳之胁痛，上焦之胸痹，中焦之肠鸣，下焦之腹满。又惊则气上，恐则气下，悸则动中，是桔梗为气分之药，上中下皆可治也。”

2.利咽化痰消痈

《本草经集注》中记载桔梗可“治喉咽痛”。《本草蒙筌》:“咽喉肿痛急觅，中恶蛊毒当求。逐肺热住咳下痰，治肺痈排脓养血。”《本草易读》:“疗咽喉之疼痛，开胸膈之壅塞。排脓血，化凝郁，散结滞，消肿硬。治肺痈已溃。”主治咳嗽痰多、胸闷不畅、咽痛音哑、肺痈吐脓、痢疾腹痛、小便癃闭。

二、桔梗作用的现代研究

桔梗含有多种对人体有益的活性成分，桔梗根中含有近40种皂苷类成分，其中桔梗皂苷D具有明显的镇痛作用；桔梗皂苷D和桔梗皂苷D_3具有抗炎功效；桔梗皂苷具有良好的体外抗肿瘤、提高人体免疫力等广泛的药理活性；桔梗皂苷A、桔梗皂苷C、桔梗皂苷D和去芹糖桔梗皂苷D对胰脂肪酶都有明显的抑制作用，但桔梗皂苷D效果更为明显；桔梗总皂苷有较强的降血糖和血脂的作用。桔梗皂苷可以明显提高抗氧化酶SOD活性和降低超氧阴离子、过氧化氢等自由基及iNOS活性，呈明显的量效关系，对机体氧化应激损伤有明显改善功效，具有抗氧化美容作用。

三、桔梗的宜忌体质

桔梗可宣肺祛痰。适用于气郁、痰湿和湿热体质。

四、如何食用桔梗

1.用法用量

无严格剂量控制。

2.食疗方

（1）桔梗粥

材料：桔梗10g，大米100g。

做法：桔梗先加清水浸泡30分钟，后与大米共煮成粥。

服法：当粥食用。

功效：化痰止咳。

（2）桔梗蜂蜜茶

材料：桔梗10g，蜂蜜适量。

做法：将桔梗放入杯中，纳入蜂蜜，冲入沸水适量，浸泡5~10分钟后饮服。

服法：当茶饮用。

功效：化痰利咽。

（3）桔梗冬瓜汤

材料：冬瓜150g，桔梗、杏仁各9g，甘草6g，食盐、大蒜、葱、酱油、味精各适量。

做法：将冬瓜洗净、切块放入锅中，加入食用油、食盐稍炒后加适量清水，再将杏仁、桔梗、甘草一并煎煮，至熟后加葱、大蒜等调味即可饮汤。

服法：当汤食用。

功效：化痰止咳。

（4）桔梗炖猪肺

材料：桔梗15g，地骨皮、花旗参、紫菀各12g，杏仁6g，猪肺1个，姜2片。

做法：将猪肺洗净，与各种药材一并放入锅中，加水慢炖3~4小时即成。

服法：当汤食用。

功效：化痰润肺。

第五十九节　益智仁

益智仁（图3-58）是姜科植物益智的果实，分布于广东、海南、福建、广西和云南等地。

图3-58　益智及益智仁干燥成品

一、益智仁作用的古代观点

益智仁味辛，性温，归脾、肾经。

1.温脾止泻摄涎

《本草纲目》：“益智，行阳退阴之药也……心者脾之母，进食，不止于和脾，火能生土，当使心药入脾胃药中……多用益智，土中益火也。”《本草求实》：“益智，气味辛热，功专燥脾温胃，及敛脾肾气逆，藏纳归原，故又号为补心补命之剂。”《本草正义》：“益智，谓之辛温，不言其涩……益智醒脾益胃，固亦与砂仁、豆蔻等一以贯之。”主治脾胃虚寒、呕吐、泄泻、腹中冷痛、口多唾涎。

2.暖肾缩尿固精

《本草经疏》：“益智子仁，以其敛摄，故治遗精虚漏及小便余沥，此皆肾气不固之证也。肾主纳气，虚则不能纳矣。又主五液，涎乃脾之所统，脾肾气虚，二脏失职，是肾不能纳，脾不能摄，故主气逆上浮，涎秽泛滥而上溢也，敛摄脾肾之气，则逆气归元，涎秽下行。”主治肾虚遗尿、尿频、遗精、白浊。

二、益智仁作用的现代研究

1.正性肌力作用

益智仁的甲醇提取物对豚鼠左心房具有强大的正性肌力作用。

2.抗癌作用

益智仁水提取物具有抑制肉瘤细胞增长的中等活性作用，益智酮甲和益智酮乙能够减少由TPA引起的鼠皮肤癌细胞中的α-肿瘤坏死因子的产生。

3.抗衰老作用

益智仁水提液经发酵酿造成酒后，抗氧化活性增强，益智仁酒具有较高的清除自由基的活性，表明其可能有延缓衰老等保健作用。

4.抗过敏性反应

益智仁水提取物可能对非特异性过敏反应的治疗有效。

5.对神经中枢的作用

益智仁氯仿提取物（20g/mL）和水提取物（1g/mL）均有中枢抑制作用，小白鼠的睡眠时间和睡眠率与剂量成正比关系。

6.对胃肠道系统的作用

益智仁提取物能影响鼠小肠中胺咪的吸收，有止泻作用。益智仁50%乙醇提取液有抗溃疡作用。

7.其他作用

益智仁有部分凝血作用。益智仁甲醇提取物有杀灭黑腹果蝇幼虫的活性作用，益智仁50%乙醇提取液有抗利尿、抗痴呆和提高动物学习能力等作用。

三、益智仁的宜忌体质

益智仁可暖肾缩尿固精，补充阳气。适用于阳虚、气虚和痰湿体质。

四、如何食用益智仁

1.用法用量

无严格剂量控制。

2.食疗方

（1）益智仁红枣粥

材料：大米80g，红枣5颗，白术10g，益智仁15g。

做法：红枣、白术、益智仁洗净，放入砂锅，加水煎汁，去渣取汁，大米洗净，倒入煮好的汁里，煮成粥即可。

服法：直接食用。

功效：补气养血，益气安神。

（2）益智仁白术茯苓饮

材料：益智仁15g，白术10g，茯苓20g。

做法：上述用料一同放入砂锅，加适量清水，煮沸后小火熬煮30分钟。

服法：当茶饮用。

功效：健脾，祛湿，止泻。

（3）红参益智仁粉

材料：红参30g，益智仁100g。

做法：两者研成细末，混匀。

服法：5g冲服，每天服1～2次。

功效：健脾，固肾，益智。

（4）益智芪药粥

材料：益智仁15g，怀山药30g，黄芪20g，粳米100g。

做法：上述用料洗净，一同放入砂锅，加适量清水，熬煮成粥，调入精盐即成。

服法：直接服用。

功效：健脾，益肾，缩尿。

第六十节 荷叶

荷叶（图3-59）为睡莲科多年生具根茎的水生植物。产于湖南、福建、江苏、浙江等南方各地。夏季采摘，鲜用或晒干用。

图3-59 荷花及荷叶干燥成品

一、荷叶作用的古代观点

荷叶味苦、辛、微涩，性寒凉，归心、肝、脾经。

1.消暑利湿

《本草再新》："清凉解暑，止渴生津，治泻痢，解火热。"《日华子诸家本草》："止渴，并产后口干，心肺燥，烦闷。"《医林纂要探源》："荷叶，功略同于藕及莲心，而多入肝分，平热、去湿，以行清气，以青入肝也。然苦涩之味，实以泻心肝而清金固水，故能去瘀、保精、除妄热、平气血也。"

2. 健脾升阳

《本草纲目》："盖荷叶能升发阳气，散瘀血，留好血……荷叶服之，令人瘦劣，单服可以消阳水浮肿之气。"主治水肿、食少腹胀、泻痢、白带、脱肛等。

3. 散瘀止血

《本草通玄》："开胃消食，止血固精。"《本草拾遗》："主血胀腹痛，产后胞衣不下，酒煮服之；又主食野菌毒，水煮服之。"《日用本草》："治呕血、吐血。"《本草纲目》："生发元气，裨助脾胃，涩精浊，散瘀血，清水肿、痈肿，发痘疮。治吐血、咯血、衄血、下血、溺血、血淋、崩中、产后恶血、损伤败血。"

4. 治头痛眩晕

《滇南本草》："上清头目之风热，止眩晕，清痰，泄气，止呕，头闷疼。"

二、荷叶作用的现代研究

1. 降脂减肥作用

荷叶中起调脂作用的主要活性成分是提取出的生物碱类和黄酮类物质，荷叶水煎剂具有显著降脂的作用。

2. 抑菌作用

荷叶提取物能够有效地抑制包括细菌、病毒及真菌在内的多种微生物，且荷叶抗菌的主要成分为生物碱、黄酮类、挥发油等。

3.抗氧化作用

荷叶提取物在抗氧化方面有一定作用，随着使用量增加，表现出更好的抗氧化效果，与使用量之间呈现出一定的相关性。

4.抑制脂肪肝

荷叶对NAFLD具有较好拮抗作用，能减少对肝的损伤，起到抑制脂肪肝的作用。

5.其他药理作用

荷叶有选择性地抑制神经兴奋性的作用，荷叶提取物在抗疟疾、抗免疫缺陷病毒、抗过敏、抗动脉粥样硬化等方面起到一定的作用。

荷叶的宜忌体质

1.适用体质

荷叶可止渴生津，治泻痢，解火热及心肺燥、烦闷。适用于湿热、痰湿、气郁、瘀血、气虚和阴虚体质。

2.慎用体质

阳虚体质慎用。荷叶性味寒凉，伤脾胃。

四、如何食用荷叶

1.用法用量

无严格剂量控制。清热解暑宜生用，散瘀止血宜炒炭用。

2.食疗方

（1）**荷叶粥**

材料：粳米100g，鲜荷叶1张，冰糖适量。

做法：鲜荷叶清水洗净，加水煎汁，去渣，倒入洗净的粳米，煮成粥，加入冰糖溶化。

服法：温热时服用。

功效：升发清阳，清暑利湿。

（2）**荷叶茶**

材料：绿茶3g，荷叶15g。

做法：荷叶洗净后切成细丝，放入锅中，加水煎汁，绿茶放在杯子中，冲入煎好的荷叶汁，闷3分钟即可。

服法：直接饮用。

功效：去油腻，排油减脂，对减肥有一定的作用。

（3）**荷叶山楂粥**

材料：鲜荷叶两张，山楂、米仁各50g，白糖或冰糖适量。

做法：山楂切片去核，荷叶切丝，与米仁加水共煮粥，粥将熟时加入适量的白糖或冰糖，调匀即成。

服法：每日两次，可作早、晚餐。

功效：降压减肥，消食健脾。

第六十一节　莱菔子

莱菔子（图3-60）为十字花科莱菔属植物萝卜的干燥成熟种子，广泛分布于我国各地。皮薄而脆，黄白色，有油性。

图3-60　莱菔及莱菔子干燥成品

一、莱菔子作用的古代观点

莱菔子味辛、甘，性平。归肺、脾、胃经。

1.消食除胀

《本草新编》："萝卜子，能治喘胀……人参原是除喘消胀之药，莱菔子最解人参，何以同用而奏功乎？夫人参之除喘消胀，乃治虚喘虚胀也。"《医学衷中参西录》："莱菔子，无论或生或炒，皆能顺气开郁，消胀除满，此乃化气之品，非破气之品。"《日华子诸家本草》："水研服，吐风痰；醋研消肿毒。"主治饮食停滞、脘腹胀痛、大便秘结、积滞泻痢。

2.降气化痰

朱震亨云："莱菔子治痰，有推墙倒壁之功。"《本草纲目》："莱菔子之功，长于利气。生能升，熟能降，升则吐风痰，散风寒，发疮疹；降则定痰喘咳嗽，调下痢后重，止内痛，皆是利气之效。"《本草经疏》："莱菔子，味辛过于根，以其辛甚，故升降之功亦烈于根也。"《随息居饮食谱》："治痰嗽，齁喘，气鼓，头风，溺闭，及误服补剂。"主治痰壅喘咳。

二、莱菔子作用的现代研究

1.平喘，镇咳，祛痰

大剂量生莱菔子醇提取物和炒莱菔子醚提取物的镇咳、祛痰作用较强，小剂量炒莱菔子水提取物有一定的平喘作用。

2.抗氧化

莱菔子水溶性生物碱有抗氧化和保护内皮细胞的作用。

3.降血压，降血脂

莱菔子水溶性生物碱能使血管扩张，血压下降，并可通过抗氧化损伤来保护靶器官；莱菔子中水溶性生物碱提高了高密度脂蛋白胆固醇的含量而起到降血脂作用。

4.抗菌

莱菔素有抑菌作用。

5.抗突变、抗癌

莱菔素对人肺癌A549细胞的生长有抑制作用，并能改变

A549细胞的形态学特征，其活性辅助位点可能是侧链上的磺酰基和硫基。

6.增强胃肠道动力

莱菔子有促胃肠动力作用，莱菔子油、莱菔子水提浸膏均有通便作用。

7.改善泌尿系统

莱菔子贴敷神阙穴可加强膀胱收缩，促进自主排尿恢复，治疗尿潴留。

三、莱菔子的宜忌体质

1.适用体质

莱菔子可顺气、燥湿化痰、温肺降逆，适用于气郁和痰湿体质。

2.慎用体质

气虚和阳虚体质慎用。莱菔子辛散耗气，故气虚及无食积、痰滞者慎用。不宜与人参同用。莱菔子可降气行滞消食，能耗气伤正，凡正气虚损、气虚下陷、大便溏泄者不宜服用。

四、如何食用莱菔子

1.用法用量

煮汤或煎炒，常规每天5～12g。

2.食疗方

莱菔子玉竹烩鸡蛋

材料：鸡蛋2个，玉竹9g，莱菔子10g。

做法：将玉竹、莱菔子放入锅里，倒入清水，先浸泡20分钟，然后放入鸡蛋，再加一些水，直到将鸡蛋浸没，开火，鸡蛋煮熟，去除鸡蛋壳，放回去再煮一会儿即可。

吃法：去渣取汁，喝汁，吃鸡蛋。

功效：祛痰下气、润肠通便。

第六十二节　高良姜

高良姜（图3-61）又名南姜、蜜姜，以姜科植物干燥根茎入药，主要产于广东、广西。

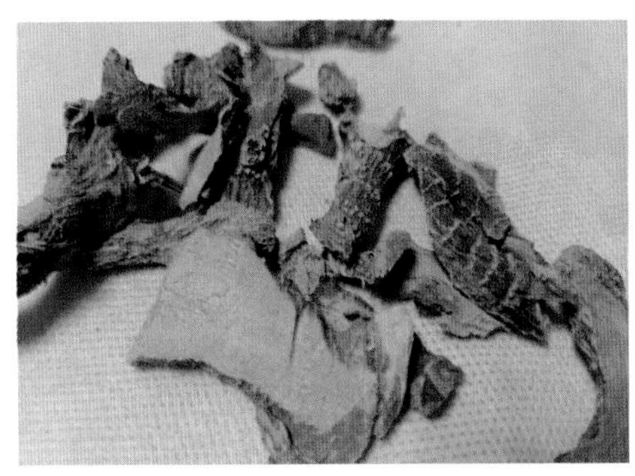

图3-61　高良姜及干燥成品

一、高良姜作用的古代观点

高良姜味辛，性热，归脾、胃经。

1.温胃散寒

杨士瀛云："噫逆胃寒者，高良姜为要药，人参、茯苓佐之，为其温胃，解散胃中风邪也。"《本草汇言》："高良姜，祛寒湿、温脾胃之药也。"《本草求真》："良姜，同姜、附则能入胃散寒；同香附则能除寒祛郁。"《本草正义》："良姜大辛大温，洁古谓辛热纯阳，故专主中宫真寒重症。"《名医别录》："独以治胃冷气逆，霍乱腹痛者。又谓治反胃，则胃中无火，亦胃寒之症。濒湖谓健脾胃、宽噎膈……而胃燥津枯之噎膈，湿热秽蚀之瘴疟，非可一概论矣。"主治脘腹冷痛，胃寒呕吐，嗳气吞酸。

2.消食止痛

《本草新编》："良姜，止心中之痛，然亦必与苍术同用为妙，否则有愈有不愈，以良姜不能去湿故耳。"《本经逢原》："良姜，寒疝小腹掣痛，须同茴香用之。产后下焦虚寒。瘀血不行，小腹结痛者加用之。"

二、高良姜作用的现代研究

高良姜主含二苯基庚烷类、黄酮类及挥发油等化合物，可抗菌，延迟血栓形成时间，抑制凝血，缓解关节肿胀和疼痛，也有一定降尿酸作用。

三、高良姜的宜忌体质

1.适用体质

本品适用于阳虚和瘀血体质，高良姜可温胃散寒，尤适用于脾阳虚者，可用于瘀血不行、小腹结痛者。

2.慎用体质

湿热和阴虚体质慎用。有热者禁服，胃热者忌服。

四、如何食用高良姜

1.用法用量

常规3～6g，体虚者不宜单用。

2.食疗方

（1）高良姜香附茶

材料：高良姜100g，香附200g，红糖适量。

做法：高良姜和香附洗净后烘干，再用料理机研成细末，放在一起调匀，取出10g，加入适量红糖，放入滤纸包中制成茶包。

服法：用沸水冲泡。

功效：温胃散寒，消食止痛。

（2）高良姜煮粥

材料：干姜四五片，高良姜3～5g，花椒少许，大米

100g，红糖15g。

做法：把大米淘洗干净以后，放在粥锅中，再把干姜、高良姜和花椒等食材洗净后放在锅中，加清水一起煮至成粥，在出锅前加入红糖调味。

服法：直接食用。

功效：散寒止痛，健脾和胃。

第六十三节　莲子

莲子（图3-62），别名藕实、水芝丹等，属睡莲科莲属多年生水生草本的种子，产于我国南北各省。

图3-62　莲子及干燥成品

一、莲子作用的古代观点

莲子味甘、涩，性平。归脾、肾、心经。主治脾虚泄泻、带下、遗精、心悸失眠。

1. 养心安神

《医学入门》:“止泄精白浊，安心养神，补中益气，醒脾内滞，止渴止痢，治腰疼。但《太平惠民和剂局方》亦有用水浸裂，生取其心，以治心热及血疾作渴，产后作渴，暑热霍乱者。盖有是病，服是药也。”

2. 补脾止泻

《本草纲目》:“莲乃脾之果也。土为元气之母，母气既和，津液相成，神乃自生。”《玉楸药解》:“莲子甚益脾胃。”

3. 益肾固涩

《玉楸药解》:“养中补土，保精敛神，善止遗泄，能住滑溏。莲子甘平，甚益脾胃，而固涩之性，最宜滑泄之家，遗精便溏，极有良效。”

二、莲子作用的现代研究

莲子具有较强的抗氧化与抗衰老作用，莲子多糖有较好的清除体内自由基的作用，莲子绿豆糕不但能增强机体免疫功能、降低胆固醇，同时还有解毒、解暑降温的作用。

三、莲子的宜忌体质

无体质限制，尤其适用于气虚、阳虚、湿热和痰湿体质。莲子能健脾而固肠，用治脾虚久泻，莲子可用于心悸、虚烦失眠等症的治疗。

四、如何食用莲子

1.用法用量

广泛用于饮食中，无严格剂量控制。

2.食疗方

（1）减肥莲心茶

材料：干莲子心3g，绿茶1g。

做法：把莲子心和茶叶放到茶杯里，用热水冲泡，加盖焖5分钟。

服法：当茶饮用。

功效：健脾祛湿。

（2）龙眼莲子羹

材料：龙眼肉100g，鲜莲子200g，冰糖150g，白糖50g，湿淀粉适量。

做法：龙眼肉放入凉水中洗净，捞出控干水分。鲜莲子剥去绿皮、嫩皮，并去莲子心，洗净，放在开水锅中汆透，捞出倒入凉水中。在锅内放入750g清水，加入白糖和冰糖，烧开撇去浮沫。把龙眼肉和莲子放入锅内，用湿淀粉调稀芡，锅开盛入大碗中即成。

服法：直接食用。

功效：健脾安神，补益气血。

（3）莲子银耳汤

材料：莲子200g，银耳适量，白糖250g，糖桂花汁少许。

做法：莲子去皮、去心，在开水中烫一下。银耳用温水泡发，撕成小瓣。莲子放入碗中，加水上笼蒸熟，取原汁。锅中加水、白糖、桂花汁，煮沸加入银耳稍烫，捞到碗内，倒入莲子，淋上桂花糖汁。

服法：直接食用。

功效：补肺健脾，养心益肾。

第六十四节　淡竹叶

淡竹叶（图3-63）为禾本科植物淡竹叶的干燥茎叶，多生于山坡林下及阴湿处，浙江产量大、质量优。

图3-63　淡竹叶及干燥成品

一、淡竹叶作用的古代观点

淡竹叶味甘、淡，性寒，归心、肺、胃、膀胱经。

1.清热泻火

《握灵本草》：“去胃热……”《本草再新》：“清心火，利小便，除烦止渴，小儿痘毒，外症恶毒……”

2.除烦，利尿

《本草纲目》：“去烦热，利小便，除烦止渴，小儿痘毒，外症恶毒。”《生草药性备要》：“消痰止渴，除上焦火，明眼目，利小便，治白浊，退热，散痔疮毒。”《草木便方》：“消痰，止渴。治烦热，咳喘，吐血，呕哕，小儿惊痫。”

二、淡竹叶作用的现代研究

1.抑菌作用

淡竹叶的醇提取物对金黄色葡萄菌、溶血性链球菌、绿脓杆菌、大肠杆菌有一定的抑制作用。

2.抗氧化作用

淡竹叶多糖在体外具有直接清除自由基的抗氧化活性，且随着多糖浓度的升高，清除率也升高。

3.保肝作用

由淡竹叶提取物构成的混合物有抑制丙型肝炎的作用。

4.收缩血管作用

淡竹叶黄酮对小鼠腹主动脉有收缩作用。

5.抗病毒作用

淡竹叶中新发现的4个碳苷黄酮类化合物有抗呼吸道合胞体病毒活性。

6.降血脂作用

淡竹叶30%醇浸膏可显著降低高血脂症大鼠的血清总胆固醇。

7.心肌保护作用

中低剂量淡竹叶总黄酮（TFLG）可抑制大鼠心肌中乳酸脱氢酶（LDH）、肌酸激酶（CK）的漏出，降低血清和心肌组织中LDH与CK活性，降低丙二醛（MDA）含量，提高超氧化物歧化酶（SOD）、谷胱甘肽过氧化物酶（Glutathioneperoxidase，GSH-Px）和一氧化氮（NO）浓度。

三、淡竹叶的宜忌体质

1.适用体质

本品适用于阴虚和痰热体质，淡竹叶有体轻渗泄、清热除烦、通利化湿作用。

2.慎用体质

阳虚体质慎用，性寒。

四、如何食用淡竹叶

1.用法用量

无严格剂量控制。

2.食疗方

（1）淡竹叶粥

材料：淡竹叶15g，大米30g。

做法：先把淡竹叶加水煎成药汤，滤掉渣，再加入大米煮成粥。可加入冰糖调味。

服法：每日早晚食用。

功效：清心泻火，利尿。

（2）淡竹叶饮

材料：淡竹叶15g，车前草15g。

做法：将上述两味中药加水适量共煎煮。

服法：代茶饮用。

功效：清心解热。

第六十五节　淡豆豉

淡豆豉（图3-64）是豆科植物大豆的成熟种子发酵加工品。全国各地均产。晒干，生用。根据炮制方法的不同分为淡豆豉、炒豆豉。

图3-64　淡豆豉成品

一、淡豆豉作用的古代观点

淡豆豉味苦、甘、辛，性凉，归肺、胃经。淡豆豉解表、除烦、宣郁、调中。

《得配本草》："调中下气，发汗解肌。配葱白煎，发汗。"《本草从新》："苦泄肺，寒胜热……"《释名·释饮食》："豉，嗜也。五味调和，须之而成，乃可甘嗜也。"《名医别录》："主伤寒头痛，寒热，瘴气恶毒，烦躁满闷，虚劳喘急，两脚疼冷。"《得配本草》："治伤寒温疟，时行热病，寒热头痛，烦躁满闷，发斑呕逆，懊侬不眠，及血痢腹痛。"

二、淡豆豉作用的现代研究

淡豆豉含脂肪、蛋白质和酶类等成分，大豆异黄酮具有降血脂和降低血清胆固醇浓度的作用，淡豆豉醇提取物（SAE）体外具有抗肝癌细胞作用，淡豆豉抗动脉硬化机制与其调节血脂、抗氧化有关。

三、淡豆豉的宜忌体质

淡豆豉可宣郁，气香宣散，苦泄肺。适用于气郁、痰湿和湿热体质。

四、如何食用淡豆豉

1.用法用量

用作调料品，每次5～15g。

2.食疗方

（1）淡豆豉蒸鲫鱼

材料：新鲜鲫鱼，淡豆豉适量。

做法：把新鲜鲫鱼清洗干净，去除内脏，把淡豆豉、料酒和白糖撒在鲫鱼上面，放进蒸锅用大火蒸20分钟即可。

服法：直接食用。

功效：清热解毒，利湿消肿。

（2）淡豆豉鸡肉煲

材料：淡豆豉、鸡胸肉适量，少许白糖、精盐、味精、黄酒、蒜蓉、酱，新鲜鸡蛋1个，胡椒粉、植物油、洋葱、鸡油、淀粉和鸡汤适量。

做法：把鸡胸肉的筋去掉，切成长条状，加入适量精盐搅拌均匀，加入鸡蛋，加干淀粉，搅拌到鸡肉条上沾上粉浆，锅内加油，鸡肉条放入锅中炸，再加入淡豆豉、调味料翻炒，再加鸡汤烧开，淋上淀粉，出锅时，加洋葱丝和鸡油，盖上锅盖煮半个小时即可。

服法：直接食用。

功效：发散风寒，芳香通窍。

第六十六节　菊花

菊花（图3-65）为菊科植物的干燥头状花序。菊按栽培形式分为多头菊、独本菊、大丽菊、悬崖菊、艺菊和案头菊等，按产地和加工方法不同，分为“亳菊”“滁菊”“贡菊”“杭菊”等。

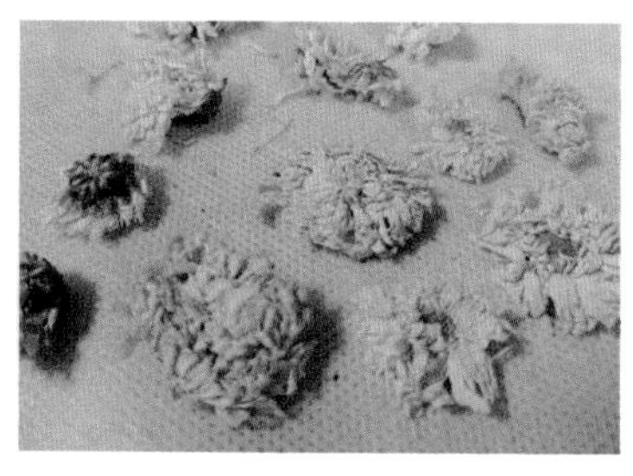

图3-65　菊花及干燥成品

一、菊花作用的古代观点

菊花味辛、甘、苦，性微寒，归肺、肝经。

1.散风清热

《本草经疏》：“菊花专制风木，故为去风之要药。苦可泄热，甘能益血，甘可解毒，平则兼辛，故亦散结。”《本草拾遗》：“专入阳分，治诸风头眩，解酒毒疔肿。”常用治风热感冒，或温病初起，温邪犯肺及发热、头痛、咳嗽等症。

2.清肝热，平肝阳

《本草纲目》："风热，目疼欲脱，泪出，养目去盲，作枕明目。"《药性论》："能治热头风旋倒地，脑骨疼痛，身上诸风令消散。"常用治肝阳上亢，头痛眩晕。

二、菊花作用的现代研究

1.化学成分

菊花主要含挥发油：龙脑、乙酸龙脑酯、樟脑、菊花酮、棉花皮素五甲醚等；黄酮类成分：木犀草苷、刺槐苷等；有机酸类成分：绿原酸、3，5-O-二咖啡酰基奎宁酸。此外，还含有菊苷、腺嘌呤、胆碱、黄酮、水苏碱、微量维生素A、维生素B_1、维生素E、氨基酸及刺槐素等。

2.对心脑血管作用

对杭白菊药理试验研究表明，杭白菊中黄酮类化合物不仅具有良好的抗氧化能力，而且具有明显的舒张血管和降血脂的作用。

3.抗菌消炎，抗衰老，抗肿瘤作用

菊花水浸剂或煎剂对金黄色葡萄球菌、多种致病性杆菌及皮肤真菌均有一定抗菌作用。研究表明，野菊花总黄酮对肺癌细胞具有抑制并诱导凋亡的作用，而其中的木犀草素、芹菜素和槲皮素等成分具有一定的抗肿瘤作用。

三、菊花的宜忌体质

1.适用体质

湿热、痰湿和阴虚体质适用，菊花味苦，性微寒，具有疏散风热、平肝明目、清热解毒的功效。

2.慎用体质

气虚和阳虚体质慎用。气虚、阳虚体质人群不耐受寒邪，尤其是阳虚体质，其发病多为寒证，易患泄泻、阳痿。菊花味苦，性微寒。气虚胃寒、食少泄泻者食用菊花会伤胃。

四、如何食用菊花

1.用法用量

常用作茶饮，每次5～10g。菊花适用于热性体质、肠胃积热和炎热天气食用。

2.食疗方

菊花爆鸡丝

材料：鸡胸肉300g，菊花30g，火腿丝25g，豌豆25g，鸡蛋清2只，水淀粉40g，调味品少许，清汤100g，植物油750g。

做法：将鸡胸肉去掉白筋，切薄片，加入蛋清、水淀粉，用手抓匀浆好；将锅置火上，加入植物油，待油稍热时，将鸡丝下锅，搅开，连油一起倒出。随后将姜末下锅，下入火腿丝、豌豆，加入调味品、清汤及菊花浓缩汁，汁沸时下入鸡丝及洗净的菊花瓣，翻炒两下，盛盘后即可食用。此药膳菜肴色黄白，菜脆嫩，有菊花香味。

服法：直接食用。

功效：镇静祛风，补肝明目。

第六十七节　菊苣

菊苣（图3-66），为菊科菊苣属双子叶植物，生于田野、道路旁、草地、山沟，入药部位为植物全草。

图3-66　菊苣及干燥成品

一、菊苣作用的古代观点

菊苣味微苦、咸，性凉，归脾、肝、膀胱经。清肝利胆，健胃消食，利尿消肿。

清热解毒，利尿消肿。主治湿热黄疸，肾炎水肿，胃脘胀痛，食欲不振。主治胃痛食少、水肿尿少等症。

二、菊苣作用的现代研究

全草含苦味物质马栗树皮素、马栗树皮苷、野莴苣苷、山莴苣素和山莴苣苦素。根含山莴苣素、α-山莴苣醇、野莴苣苷。叶含单咖啡酰酒石酸、菊苣酸。新鲜花瓣含花色苷。菊苣具有显著的抗乙型肝炎病毒的作用，菊苣可与病原菌的外源凝集素特异结合，促进肠道蠕动，减少电解质和水分的重吸收，缩短了粪便在结肠内滞留时间，促进排泄。菊苣富含多酚、单宁和槲皮素等，酚类化合物可以发挥抗菌活性。

三、菊苣的宜忌体质

本品适用于湿热、痰湿和阴虚体质。菊苣可清热解毒，利尿消肿，健脾祛湿。

四、如何食用菊苣

1.用法用量

每次9～18g。菊苣的嫩叶可以采收食用，但是软化栽培的菊苣芽球主要用于生食。

2.食疗方

菊苣栀子茶

材料：菊苣15g，栀子10g，葛根5g，桑叶10g，百合8g。

做法：将上述材料研磨成粉，装入茶包，用热水泡开。

服法：早、中、晚坚持饮用，每次超过200mL，茶包泡制无色后弃置。

功效：解酒、解荤腻，清肠通便，降火润燥。

第六十八节　黄芥子

芥菜子（图3-67）为十字花科植物芥菜的种子，种子有黄芥子、白芥子之分，药用或粉碎成调味品（芥末），黄芥子多用于调味品，白芥子多药用。黄芥子是十字花科植物芥的干燥成熟种子，主产于安徽、河南、河北等地。干燥芥菜子无臭，粉末加水细研则有强烈辛辣味。

图3-67　黄芥子及干燥成品

一、黄芥子作用的古代观点

黄芥子味辛，性温，归肺经。

1.温肺豁痰利气

《名医别录》："主射工及注气发无恒处，丸服之；或捣为末，酢和涂之。”陶弘景认为“归鼻。去一切邪恶疰气，喉痹”。《本草纲目》：“温中散寒，豁痰利窍。治胃寒吐食，肺寒咳嗽，风冷气痛，口噤唇紧。消散痈肿、瘀血……芥子，其味辛，其气散，故能利九窍，通经络，治口噤、耳聋、鼻衄之证，消瘀血、痈肿、痛痹之邪，其性热而温中，故又能利气豁痰，治嗽止吐，主心腹诸痛。”主治胃寒呕吐、心腹疼痛、肺寒咳嗽、痹证、喉痹、流痰、跌打损伤等。

2. 散结通络止痛

《日华子诸家本草》：“治风毒肿及麻痹，醋研敷之；扑损瘀血，腰痛肾冷，和生姜研微暖涂贴；心痛，酒醋服之。”《日用本草》：“研末水调涂顶囟，止衄血。”《分类草药性》：“消肿毒，止血痢。”

二、黄芥子作用的现代研究

黄芥子主要成分为芥菜子苷和少量芥子酶。尚含有芥子酸、脂肪、蛋白质等。芥子苷酶解后生成增辛辣味之芥子油，成分是异硫氰酸的甲酯、异丙酯、丁酯等。

三、黄芥子的宜忌体质

1. 适用体质

本品适用于阳虚、痰湿、气郁和瘀血体质。

2. 慎用体质

阴虚和湿热体质慎用。肺虚咳嗽及阴虚火旺者忌服。

四、如何食用黄芥子

1. 用法用量

每次3～9g，多用于调拌菜肴，也用于调拌凉面、色拉，或用于蘸食。

2. 食疗方

芥末鸭掌

材料：水发鸭掌350g，红椒5g，盐、糖、味精各1g，葱油3g，黄芥末酱7g，青芥末酱2g，沙拉酱20g，酱油2g。

做法：将每只鸭掌切成两片，入沸水锅烫一下捞出。红椒也烫一下，切成末。把黄芥末酱、青芥末酱、沙拉酱、酱油、盐、糖、味精放碗中调匀后，放入鸭掌拌匀，滴入葱油，搅拌，最后撒红椒末。

服法：当菜肴食用。

功效：刺激食欲。

第六十九节　黄精

黄精（图3-68），为百合科黄精属植物黄精、多花黄精或滇黄精的干燥根茎。按形状不同，习称“大黄精”“鸡头黄精”“姜形黄精”。在古代被视为“长生不老和延年益寿”药用植物，言其“久服轻身延年不饥”“血气双补之王”。

图3-68　黄精及九制黄精成品

一、黄精作用的古代观点

黄精味甘，性平，归脾、肺、肾经。

1.养阴润肺

《日华子诸家本草》：“补五劳七伤，助筋骨，止饥，耐寒暑，益脾胃，润心肺。单服九蒸九暴，食之驻颜。”主治阴虚劳嗽、肺燥咳嗽等症。

2.补脾益气

《名医别录》：“主补中益气，除风湿，安五脏。久服轻身延年不饥。”《道藏神仙芝草经》：“宽中益气，使五脏调良……”《药物图考》：“主理血气，坚筋骨，润皮肤。”《神仙草芝经》：“黄精宽中益气，使五脏调和，肌肉充盈，骨髓坚强，其力倍增。”主治脾虚乏力，食少口干，消渴。

3.滋肾填精

《本草纲目》：“补诸虚，止寒热，填精髓，下三尸虫。”主治肾亏、腰膝酸软、阳痿遗精、耳鸣目暗、须发早白、体虚羸瘦、风癞癣疾。

二、黄精作用的现代研究

每100g黄精根茎含蛋白质8.4g、淀粉20g、还原糖5g，还含有多种氨基酸和维生素。

黄精有调节血糖、抗肿瘤、改善学习记忆功能、抗病原微生物、抗炎、抗病毒、抗疲劳、调节血脂和延缓衰老等作用。黄精在治疗糖尿病、咳嗽、脑动脉硬化头晕、高血脂症及抗衰老方面具有良好的作用。

三、黄精的宜忌体质

1.适用体质

本品适用于气虚和阴虚体质。气阴两虚，可单用或与沙参、麦冬、川贝母、百部、杏仁等同用，以助其滋阴润肺、化痰宁嗽之功。脾胃气虚者，配伍党参、山药、白术、橘皮等，以健脾益气；若属气阴两虚者，与人参、麦冬、山药等合用，共奏补气养阴、健脾益胃之效，或配生黄芪、西洋参、山药、石斛等同用，以取气阴双补之效。

2.慎用体质

湿热和痰湿体质慎用。脾虚有湿、咳嗽痰多及中寒泄泻者均不宜服。

四、如何食用黄精

1.用法用量

无严格限制。黄精食用部位为根茎和幼苗，以黄精为原料制作的菜肴很多，比如黄精炖猪肉，可以补肾养血、滋阴润燥；黄精炖鸡，可以补中益气、润泽皮肤。

2.食疗方

（1）黄精米粥

材料：黄精15g（鲜者30g），米50g，冰糖、橘皮少量。

做法：取黄精切细与米加水500mL，冰糖适量，用小火煮至米仁开花，粥稠见油，调入橘皮细末2g，再煮片刻即可。

服法：每日早晚空腹温热服食。

功效：补气益血，美容延寿。

（2）黄精冰糖煎

材料：鲜黄精、冰糖各30g

做法：上两味一同入锅，水煎30分钟即可。

服法：每日1剂，分两次温服。

功效：滋阴清热。

（3）黄精枸杞汤

材料：黄精、枸杞子各12g。

做法：将上两味放入砂锅中，加水煎煮30分钟，取汁即可。

服法：每日1剂，分两次温服。

功效：滋阴清热。

（4）黄精经典九蒸九晒制作方法

材料：新黄精适量。

做法：将鲜黄精晾晒10天左右，直至七八成干。将晒好的黄精用刷子彻底清洗干净，放入锅中用水煮半小时左右后切成厚片。将其放入陶瓷罐中，加入适量黄酒拌匀，闷润直至酒吸尽。将黄精放入蒸屉中，隔水蒸1小时左右。把蒸好的黄精在太阳下晒，直至表皮晒干。再将黄精放入蒸屉中继续蒸，再晒。如此反复9次直至黄精表面呈棕黑色，有光泽为止。

功效：滋养气血，抗氧化，延缓衰老。

第七十节　紫苏

紫苏（图3-69）为唇形科植物紫苏的干燥叶（或带嫩枝），主产于江苏、浙江等地，夏季枝叶茂盛花序刚长出时采收，除去杂质晒干就是一味很好的药材。紫苏有增香去腥的作用，不仅是餐桌上的调味菜，也是一味流传千年的名药。《本草纲目》中记载，宋代皇帝宋仁宗曾昭示天下，评定汤饮，其结果是紫苏熟水第一。熟水即饮品，在宋代，紫苏茶就已获得最高殊荣。

图3-69　紫苏

一、紫苏作用的古代观点

紫苏味辛，性温，无毒，入肺、大肠经。

1.发散风寒

《雷公炮制药性解》："叶能发汗散表，温胃和中，除头痛、肢节痛，双面紫者佳。不敢用麻黄者，以此代之。"《药品化义》："紫苏叶，为发生之物。辛温能散，气薄能通，味薄发泄，专解肌发表，疗伤风伤寒。"

2.和中理气

《长沙药解》："降冲逆而驱浊，消凝滞而散结。"《本草正义》："中则开胸膈，醒脾胃，宣化痰饮，解郁结而利气滞。"

二、紫苏作用的现代研究

1.抗肿瘤作用

大量的实验研究表明，紫苏提取物中主要成分如迷迭香酸、咖啡酸、紫苏酮等均具有抑制癌细胞增殖、诱导癌细胞凋亡的作用。紫苏异酮具有明显的抑制肿瘤细胞增殖作用和天然的保肝、护肝特性，是疗效可靠的肝癌放疗增敏剂。紫苏提取物能抑制角质形成细胞的增殖，同时诱导其分化。

2. 止呕作用

紫苏叶与生姜组合物对癌呕吐不良反应的抑制作用。紫姜组合物对于顺铂所致水貂的呕吐反应有明显抑制效果。

3. 治疗胃肠道疾病

紫苏梗水提液和紫苏叶油均能促进结肠收缩运动。紫苏叶的挥发油和水提取物均能显著促进正常小鼠的小肠蠕动，并能拮抗硫酸阿托品所致小鼠的胃肠抑制作用。

三、紫苏的宜忌体质

本品适用于阳虚、痰湿和气郁体质。紫苏性温能够发汗解表，又有化痰止咳、行气宽中的功效。

四、如何食用紫苏

1. 用法用量

常用作调味品，是去鱼腥的常用佐料，无严格剂量限制。

2. 食疗方

（1）紫苏煎饼

材料：紫苏、肉馅、面粉或蛋羹、精盐适量。

做法：将紫苏嫩叶洗净切细，炒成半熟，拌在肉馅加面粉或蛋羹里（加适量精盐等佐料），在锅里煎成肉馅面饼或蛋饼。

服法：直接食用。

功效：醒脾胃，宣化痰饮。

（2）紫苏粥

材料：粳米500g，紫苏叶约15g。

做法：先以粳米煮稀粥，粥成放入紫苏叶，稍煮即可。

服法：直接食用。

功效：散寒解表。

第七十一节　紫苏籽

紫苏籽（图3-70）为唇形科植物紫苏的干燥成熟果实，入药始载于魏晋时期，其资源分布较广泛，全国各地均可见到。

图3-70　紫苏籽

一、紫苏籽作用的古代观点

紫苏籽味辛，性温，无毒，入肺、大肠经。

1.降气化痰平喘

《名医别录》:“苏，味辛，温。主下气，除寒中，其子尤良。”《药品化义》:“苏子主降，味辛气香主散，降而且散，故专利郁痰。咳逆则气升，喘急则肺胀，以此下气定喘。膈热则痰壅，痰结则闷痛，以此豁痰散结。”《本经逢原》:“性能下气，故胸膈不利者宜之，橘红同为除喘定嗽、消痰顺气之良剂。”用于治疗痰壅气逆、咳嗽气喘和肠燥便秘等疾病。

2.顺气润肠

《医林纂要探源》:“凡下气者，言顺气也，气顺则膈利，宽肠亦以其润而降也。”《本草纲目》:“治风顺气，利膈宽肠。”

二、紫苏籽作用的现代研究

1.止咳、平喘作用

紫苏籽提取的脂肪油有明显的止咳和平喘作用。

2.降血脂的作用

紫苏籽的脂肪油提取物具有明显的降血脂作用。

三、紫苏籽的宜忌体质

1.适用体质

本品适用于阳虚、痰湿和气郁体质。主入肺经，最善于降肺气，又能化痰涎平喘。是古代医家用于气逆、咳喘、痰多的常用药。紫苏籽富含油脂，能润肠通便，顺气宽中。

2. 慎用体质

气虚体质慎用。紫苏籽能够润肠通便，脾气虚固摄不足者，如果用润下的药物会导致脾气升提受阻。

四、如何食用紫苏籽

1. 用法用量

无严格剂量限制。

2. 食疗方

（1）苏子杏仁生姜粥

材料：紫苏籽10g，苦杏仁10g，生姜5g，粳米60g，冰糖少许（亦可不用）。

做法：将紫苏籽炒爆花，苦杏仁去皮、尖，与生姜分别捣烂混合备用。粳米淘净放锅内，加水适量，慢火煮至7成熟时加入紫苏籽、苦杏仁、生姜，继续煮至熟烂成粥时加冰糖少许即成。

服法：温热服食。

功效：降气消痰，散寒邪，止咳嗽，平哮喘。

（2）苏子火麻仁粥

材料：火麻仁40g，紫苏籽40g，粳米40g。

做法：将火麻仁，紫苏籽淘洗干净，烘干打成细粉，加入热水适量，用力搅匀，取上层清药汁备用，粳米淘洗干净入锅内，加入药汁，用中火徐徐炖煮成粥即可。

服法：温热服食。

功效：润肠通便。

第七十二节　葛根

葛根（图3-71）为豆科植物野葛或甘葛藤干燥根，前者称为野葛，后者为粉葛，葛根资源非常丰富，主要产于长江以南地区。

图3-71　葛根及干燥成品

一、葛根作用的古代观点

葛根味甘、辛，性凉，归肺、胃、大肠经。

1.解肌退热，生津止渴

《本草崇原》："主治消渴身大热者，从胃腑而宣达水谷之精，而消渴自止，从经脉而调和肌表之气。"葛根清阳升散，味辛具有发汗解表之功，性寒凉可以清热。《雷公炮制药性解》："味甘，性平，无毒，入胃、大肠二经，发伤寒之表邪，止胃虚之消渴。"《本草经疏》："葛根，解散阳明温病热邪之要药也，故主消渴。”《本草汇言》：“葛根，清风寒，净表邪，解肌热，止烦渴，泻胃火之药也。”

2.升清阳止热痢、呕吐

《本草经解》：“葛根气平味甘，入足阳明胃、手阳明大肠经，阴中阳也。阴中之阳为少阳，清轻上达，能引胃气上升，所以主下痢十岁以上，阳陷之症也。”《伤寒论》中常用葛根与黄芩、黄连、甘草配伍，用于治疗湿热泻痢。《小儿药证直诀》中以葛根与人参、白术、木香等药配伍用于治疗脾虚泄泻。

3.通经活络活血

《长沙药解》：“解经气滞壅遏……”葛根味辛能行，能通经活络。

4.解酒毒

《雷公炮制药性解》：“解中酒之奇毒，治往来之温疟。”葛根味甘，能够解酒毒，故可用来治疗酒毒伤中、恶心呕吐、脘腹痞满。

二、葛根作用的现代研究

葛根富含淀粉、蛋白质、粗脂肪、纤维素、氨基酸以及人体所需要的铁、钙、铜、锡等矿质元素。此外，葛根还包括异黄酮类化合物、三萜类化合物、香豆素、葛根苷类化合物、生物碱以及其他化合物。其主要的有效成分为葛根素。

长期补充葛根提取物可以改善血糖、血脂，有助于维持血压正常、降血糖。

研究表明，葛根可以通过保护中枢神经系统以及增加抗氧化能力来达到解酒作用。葛根素可以影响酒精的吸收，同时具有保肝、护肝作用。葛根中的大豆苷元具有抗乙酰胆碱的作用，可有效解除肌肉痉挛状态，达到解痉的作用。葛根主要通过作用于肌肉、血管、神经、关节内炎症等发挥改善颈椎、腰椎病变的作用。

三、葛根的宜忌体质

1. 适用体质

本品适用于阴虚、气虚、湿热、瘀血和和气郁体质，葛根甘凉，能鼓舞脾胃清阳之气上升又能够生津止渴，常用于热病口渴和消渴症。葛根可以舒筋活络，瘀血、湿热和气郁体质也可用葛根进行调理。

2. 慎用体质

阳虚体质慎用。葛根性味寒凉，若胃寒的人群长期大量使用可能会导致呕吐等不良反应，阳虚体质服用时应减少剂量，或佐以辛温的食物降逆止呕。

四、如何食用葛根

1. 用法用量

葛根药性平和而无毒，可长期食用，无严格剂量限制，可作为菜肴直接鲜食，多则可用至30～50g，鲜品加倍，用于炒菜、煮粥或煲汤，或用生葛根拣去杂质，洗净用水浸泡后捞出，润透，切片，晒干。同时葛根也可以制作成葛根粉，冲饮或用来做葛面、饼干、糕点、果冻。

2.食疗方

（1）葛根粥

材料：葛根粉100g，小米50g。

做法：先将小米洗净，加水熬成粥，然后加入用净水调匀的葛根粉，边加边搅拌，煮沸即成。

服法：每日1次，温热服用。

功效：调经养颜。

（2）葛根煲银鱼

材料：葛根50g，小银鱼100g，豆腐100g，食盐2g。

做法：在煮沸的汤中，加入洗净的葛根、小银鱼、豆腐（切小块），先用旺火再改用小火煲30分钟，加食盐调味即成。

服法：每日1剂，佐午餐食用。

功效：调经养颜。

（3）葛根桂花茶

材料：葛根5g，桂花1g，梅花2朵，绿茶1g。

做法：将以上材料混合后，用沸水冲泡，加盖闷5分钟即成。

服法：每日1剂，可多次泡饮。

功效：调经养颜。

第七十三节　黑芝麻

黑芝麻（图3-72）是胡麻科芝麻的黑色种子，我国除西藏高原外各地均有栽培。

图3-72　黑芝麻及干燥成品

一、黑芝麻作用的古代观点

黑芝麻味甘，性平，归肝、肾和大肠经。

1.生血通脉，滋润肌肤

《雷公炮制药性解》“总是润泽之剂，故能通血脉，血脉通则风气自行，肌肤自润矣。”《本草经集注》：“黑芝麻主伤中虚羸，补五内，益气力，长肌肉，填髓脑。坚筋骨，疗金创，止痛，及伤寒温疟，大吐后虚热羸困。久服轻身，不老，明耳目，耐饥，延年。”《本草纲目》：“服黑芝麻百日能除一切痼疾。一年身面光泽不饥，二年白发返黑，三年齿落更出。”

2.润肠通便

《雷公炮制药性解》言：“主行风气，通血脉，滑肠胃。”能够润肠，治疗大便塞结。

3.治疮伤，生肌，解毒

《雷公炮制药性解》：“润肌肤，生嚼可敷小儿头疮。麻油主治相同，能杀虫治疥癣，解百毒。”《玉楸药解》：“医一切疮疡，败毒消肿，生肌长肉，杀虫，生秃发。”

二、黑芝麻作用的现代研究

1.健脑，强骨，通便，美肤

黑芝麻中丰富的卵磷脂是构成脑神经组织的脑脊髓主要成分，有很强的健脑增智作用，能促使细胞“返老还童”。研究表明黑芝麻具有预防醋酸泼尼松致大鼠骨质疏松的作用。芝麻油还具有润肠通便的作用。芝麻油中含有大量亚油酸，亚油酸可使皮肤更加富有光泽、柔软、富有弹性，有利于缓解皮肤老化。

2.黑发

黑豆加黑芝麻是传统的乌发补方，现代研究证明黑色素与毛发角蛋白是通过金属离子（Fe^{2+}、Cu^{2+}、Zn^{2+}）的螯合作用结合起来的，而黑芝麻中的铜含量最高，锌的含量居第二位，这就从元素角度认证了此方的科学性。

3.抗氧化，抗衰老

黑芝麻具有很强的抗氧化活性，能有效清除细胞内的自由基，当人体吸收黑芝麻色素后，黑芝麻色素可将体内的氧自由基或过氧化物清除掉，保护机体免受氧自由基和过氧化物的损伤，从而起到治疗与自由基有关的疾病和抗衰老延寿的作用。黑芝麻中富含的维生素E能促进细胞分裂，推迟细胞衰老。另外，黑芝麻中的黑色素具有保肝作用，研究证明其机制也与抗氧化作用有关。

4.预防心血管疾病

实验表明，摄取含有芝麻木脂素的饮食能降低肾性高血压大鼠的血压和心率，改善血管重构。此外，黑芝麻含大量维生素E，能改善脂质代谢、预防冠心病、动脉粥样硬化、抑制去甲肾上腺素诱导的心肌细胞凋亡和肥大。

5.抗炎作用

现代研究表明，芝麻素抗菌作用显著，既可抑制细菌生长，又有杀菌作用。芝麻油外擦能清热解毒、消炎止痛，主要用于预防产后乳头皲裂、小儿红臀、婴幼儿尿布疹、配合局部氧疗治疗臀部湿疹和配合电吹风可预防压疮等。其次，芝麻油在口腔护理中应用也很广泛，有学者采用外涂制霉菌素加芝麻油治疗大剂量化疗后口腔真菌感染，疗效明显。

6.抗肿瘤，抗癌

芝麻素有显著的抑肿瘤作用，而且其毒性小于环磷酰胺。

研究发现，芝麻素能明显抑制H22（小鼠肝癌细胞）和人肝癌细胞HEPG2的增殖，有一定防治作用。

三、黑芝麻的适宜体质

1.适用体质

本品适用于阴虚、气虚、阳虚和气郁体质。用于治疗肝肾不足所致的眩晕、眼花、视物不清、腰酸腿软、耳鸣耳聋、发枯发落、头发早白之症。

2.慎用体质

慢性肠炎、脾弱便溏腹泻者慎食。

四、如何食用黑芝麻

1.用法用量

常规每次15g左右，适合长期食用。

2.食疗方

（1）芝麻蜜糕

材料：熟黑芝麻碎100g，蜂蜜150g，玉米粉200g，小麦粉500g，鸡蛋2个，发酵粉1.5g。

做法：加水和成面团，发酵1.5～2小时后蒸熟。

服法：直接食用。

功效：健胃、保肝、促进红细胞生长。

（2）黑芝麻桑椹糊

材料：黑芝麻、桑椹各60g，大米30g，白糖10g。

做法：洗净捣烂，加清水适量煮成糊状。

服法：直接食用。

功效：补肝肾，润五脏，祛风湿，清虚火。

（3）芝麻蜂蜜

材料：15g蜂蜜，5g芝麻油。

做法：用15g蜂蜜、5g芝麻油、150mL温开水调和。

服法：早餐前服用效果更佳。

功效：润肠通便。

第七十四节　黑胡椒

黑胡椒（图3-73）是胡椒科的一种开花藤本植物，在我国主要种植于海南和云南等省，其中海南产量占全国总产量的80%。其果实具有去腥、提味、增香、增鲜、除异味、防腐和

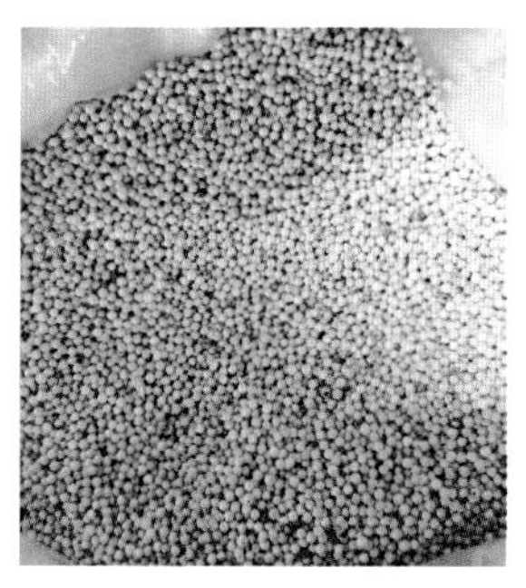

图3-73　黑胡椒及干燥成品

抗氧化等作用，可用作药物、香料、防腐剂，广泛应用于食品加工、制药和制作化妆品等方面，在肉制品中使用非常广泛，被誉为“香料之王”。

一、黑胡椒作用的古代观点

黑胡椒味辛，性温，归脾、胃经。

1.温中暖胃祛寒

《本草纲目》：“胡椒。大辛热，纯阳之物，肠胃寒湿者宜之。”《本草经疏》：“辛温暖肠胃而散风冷。”《新修本草》：“主下气，温中，去痰，除脏腑中风冷。”

2.下气化痰

《本草便读》：“下气宽中，消风痰而宣冷滞……能宣能散，开豁胸中寒痰冷气，虽辛热燥散之品，而又极能下气，故食之即觉胸膈开爽。”《本草从新》：“温中下气，快膈消痰，治寒痰食积。”

二、黑胡椒作用的现代研究

其果含多种维生素、微量元素和挥发油等物质，具有多功能特性，主要成分为胡椒醛、二氢香芹醇、氧化石竹烯等，还含有胡椒碱、胡椒林碱、胡椒油和胡椒新碱等。

1.抑菌作用

胡椒具有广谱抑菌性，胡椒果、胡椒叶的提取物对某些植物病原菌和食品中常见微生物均具有较强的抑菌作用。

2. 抗氧化作用

胡椒果与胡椒叶具有抗氧化活性。黑、白胡椒精油均具有清除超氧阴离子自由基、清除羟基自由基及抗亚油酸脂质过氧化能力。其中黑胡椒精油的抗氧化性强于白胡椒精油。

3. 其他生理活性

胡椒还具有抗惊厥、抗肥胖、抗抑郁等多种生理活性。胡椒碱属临床中常见的广谱抗惊厥药物之一。胡椒碱不仅可以显著减少高脂诱导的小鼠模型的体重和血液中甘油三酯、总胆固醇、低密度脂蛋白（LDL）、极低密度脂蛋白（VLDL）的含量和脂肪量，而且增加了高密度脂蛋白的水平，在肥胖治疗中具有积极作用。另外，胡椒水提取物对消化系统功能紊乱有积极作用，胡椒果实的甲醇提取物具有抗焦虑和抗抑郁的作用。

三、黑胡椒的宜忌体质

1. 适用体质

本品适用于阳虚、痰湿和气郁体质。黑胡椒性味辛热，能温中祛寒，辛散温通，下气行滞消痰，能够改善阳虚、痰湿和气郁体质。

2. 慎重体质

阴虚与湿热体质慎用。《随息居饮食谱》："多食动火燥液，耗气伤阴，破血堕胎，发疮损目。"故孕妇及阴虚内热，血证，痔患，或有咽喉、口齿、目疾者皆忌之。绿豆能制其毒。

四、如何食用黑胡椒

1. 用法用量

作为调味剂，每次2～4g。

2. 食疗方

（1）黑胡椒羊肉汤

材料：羊肉350g，纯黑胡椒粉、盐适量，少量鸡精。

做法：将羊肉洗干净，备用，将焯好水的羊肉用清水冲洗后放进锅中，同时加适量的纯黑胡椒粉，再加水煮，时间根据火候决定，如用高压锅压煮，时间约30分钟，出锅前放适量盐和鸡精。

服法：温热服。

功效：温中暖胃祛寒。

（2）猪肚胡椒汤

材料：猪肚1个，胡椒粉1汤匙，咸菜50g。

做法：将猪肚洗净，放热水锅中焯水，然后将胡椒粉放入猪肚内，用线将猪肚缝合，然后和咸菜一起放入砂锅中，大火煮沸，然后改用小火煲2小时左右。

服法：温热服用。

功效：温中健脾，散寒止痛。

第七十五节　槐米

槐米（图3-74）别名白槐、槐花、槐花米，是豆科植物槐花干燥的花蕾，在我国种植面积较大，药用历史悠久。

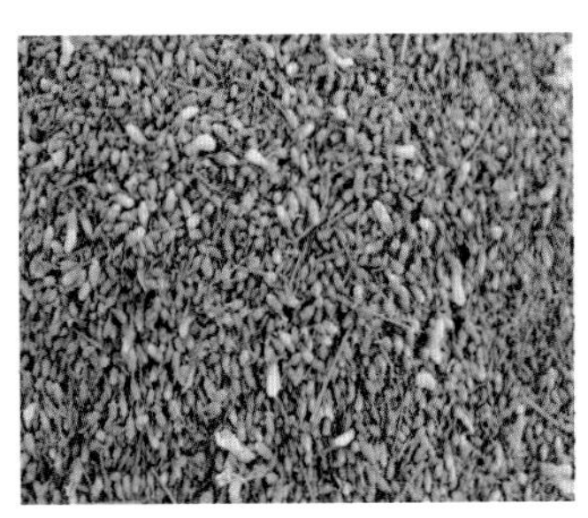

图3-74　槐花及槐米成品

一、槐米作用的古代观点

槐米味苦，性微寒，归肝、大肠经。

1.除湿热，治肠风

《本草便读》："除下焦湿热之邪，祛风疗痔……故治肠风痔漏之外，又能治痈疽毒疮，皮肤风湿等证。"《本草撮要》："功专治肠风肠热。"《本草经解》："平能清风，苦能泄热，所以主之，肠风下血，大肠火也，赤白痢，大肠湿热也，味苦者能清。"

2.清热凉血

《本经逢原》："槐花苦凉，阳明、厥阴血分药也。故大小便血，及目赤肿痛皆用之。"

二、槐米作用的现代研究

槐米主要含黄酮、皂苷、甾醇等成分，黄酮化合物包括：芦丁、槲皮素、异鼠李素。三萜皂苷包括：赤豆皂苷Ⅰ、赤豆皂苷Ⅱ、赤豆皂苷Ⅴ、大豆皂苷Ⅰ、大豆皂苷Ⅲ、槐花皂苷Ⅰ、槐花皂苷Ⅱ、槐花皂苷Ⅲ等。槐米醇类主要包括：白桦脂醇、槐花二醇及甾醇槐花米乙素、槐花米丙素。

1. 抗氧化

槐米具有显著抗氧化作用，槐米水提液可提高小鼠肝糖原含量，防止肝、脾指数异常降低。槐米提取液和芦丁有较好的抑制脂质过氧化作用，有一定的保护线粒体的作用。

2. 抗肿瘤

槲皮素及槐米提取物显著抑制了黑色素瘤的细胞增殖，具有诱导肿瘤细胞凋亡作用。

3. 抗菌，抗病毒

槐米精油对金黄色葡萄球菌抑菌作用最强，对埃希氏大肠杆菌、痢疾杆菌、伤寒沙门氏菌也有抑制作用。研究认为槐花多糖对枯草芽孢杆菌、大肠杆菌、金黄色葡萄球菌都有抑制作用。

三、槐米的宜忌体质

本品适用于湿热和阴虚体质。槐花味苦、微寒，善于清热，适用于热性体质。

四、如何食用槐米

1.用法用量

常用于日常饮食，无严格剂量限制。

2.食疗方

（1）菊槐茶

材料：菊花、槐米、绿茶各3g。

做法：菊花、槐米洗净，沥干水，与茶叶同放入杯中，用开水沏泡片刻。

服法：当茶饮。

功效：清肝疏风，降火明目，止渴除烦。

（2）槐米粥

材料：水发大米170g，槐米10g，冰糖适量。

做法：将大米、槐米洗净，砂锅中注入清水，用大火烧开，倒入槐米，转用小火煮约10分钟至散出香味。捞出槐米与杂质，再倒入水发大米，搅拌均匀，煮开后用小火煲煮约30分钟，至米粒熟透，加入冰糖，搅拌均匀，转中火继续煮至糖分溶于米粥中。

服法：当粥凉服。

功效：除湿热，清热凉血。

第七十六节　槐花

槐花（图3-75），又名洋槐花，是豆科植物的花及花蕾，开放的花朵称为“槐花”，也称“槐蕊”，花蕾则称为“槐米”。有诗为赞“树树槐花沁韵翔，芬芳四溢满城香。清香阵阵扑鼻醉，馥郁醇浓浸袖彰”。槐花晒干后也可以当茶饮。

图3-75　槐花及干燥成品

一、槐花作用的古代观点

槐花味苦，性凉，入肝、大肠经。

1.凉血止血

《本草纲目》：“炒香频嚼，治失音及喉痹。又疗吐血，衄，崩中漏下。”《日华子诸家本草》：“治五痔，心痛，眼赤，杀腹藏虫及热，治皮肤风，并肠风泻血，赤白痢。”可用治血热妄行所致的各种出血之证。因其苦降下行，善清泄大肠火热，故对大肠火盛之便血、痔血、血痢最为适宜。

2.泻心火，清肝火

《医林纂要探源》："泄肺逆，泻心火，清肝火，坚肾水。"本品味苦性寒，长于清泻肝火，治疗肝火上炎之目赤肿痛、头痛眩晕，可单用本品煎汤代茶饮，或配伍夏枯草、菊花等。

二、槐花作用的现代研究

1.化学成分

槐花含芸香苷，花蕾中含量多，开花后含量少。从干花蕾中得三萜皂苷0.4%，水解后得白桦酯醇、槐花二醇和葡萄糖、葡萄糖醛酸。

2.止血、抗炎、抗菌作用

槐花含有红细胞凝集素，对红细胞有凝集作用，能缩短凝血时间，其所含芦丁能增加毛细血管稳定性，降低其通透性和脆性，预防出血。制炭后促进凝血作用更强。槐花煎液能降低心肌收缩力、减慢心率。槐花中的云香苷及槲皮素对组胺、蛋清、5-羟色胺、甲醛等引起的大鼠脚肿胀以及透明质酸酶引起的足踝部浮肿有抑制作用。槲皮素能抑制病毒复制。

3.解痉、抗溃疡作用

槲皮素能降低肠、支气管平滑肌的张力，其解痉作用较芸香苷强5倍，用X线研究证明，芸香苷能降低大鼠的胃运动功能，并能解除氯化钡引起的小肠平滑肌痉挛，能显著降低大鼠因结扎幽门引起的胃溃疡的病灶数目，槐花液（含芸香苷甚微）注入兔肠腔内，能刺激肠黏膜使渗出液增加。

三、槐花的宜忌体质

1. 适用体质

本品适用于湿热、气郁和阴虚体质，槐花可凉血止血，可适用于治疗因血热所导致的出血。槐花性苦寒，可清肝降火。

2. 慎用体质

阳虚、脾胃虚弱者慎用。阳虚则阴盛，阳虚体质人群不耐受寒邪，其发病也多为寒证，且胃脘部怕冷，脾胃虚弱者更容易寒邪犯胃，故阳虚，脾胃虚弱者饮食中应避开寒性食物。

四、如何食用槐花

1. 用法用量

无严格剂量限制。

2. 食疗方

槐花鸡蛋饼

材料：槐花，适量面粉，鸡蛋4个，适量盐。

做法：将槐花浸泡在盐水中30分钟，用水洗涤2～3次，然后沥干水分。加入鸡蛋和盐，搅拌均匀。再加入适量的面粉和水制成糊状。锅中刷油，将槐花鸡蛋液摊成圆形蛋糕或用各种模具将其摊成各种形状，双面煎至金色。

服法：直接食用。

功效：清泄肝热。

第七十七节　蒲公英

“小小伞兵随风飞，飞到东来飞到西，降落路边田野里，安家落户扎根基”，这个谜语描述的就是蒲公英。蒲公英（图3-76）又名婆婆丁，全国大部分地区均产。

图3-76　蒲公英及干燥成品

一、蒲公英作用的古代观点

蒲公英味甘、微苦，性寒，归肝、胃经。

1.清热解毒，凉血散结

蒲公英为治乳痈要药。《本草经疏》：“蒲公英味甘平，其性无毒。当是解热凉血之要药。乳痈属肝经，妇人经行后，肝经主事，故主妇人乳痈肿乳毒，并宜生啖之良。”蒲公英苦寒，具有消痈散结，清热解毒的作用，主治内外热毒疮痈诸证。

《随息居饮食谱》:“清肺,利嗽化痰,散结消痈,养阴凉血,舒筋固齿,通乳益精。”

2.主治湿热黄疸、热淋涩痛

《本草纲目》:“蒲公英主治妇人乳痈肿,水煮汁饮及封之立消。解食毒,散滞气,清热毒,化食毒,消恶肿、结核、疔肿。”

二、蒲公英作用的现代研究

1.化学成分及药理作用

蒲公英主要含咖啡酸、绿原酸、正己醇、樟脑、正辛醇、槲皮素-3-O-葡萄糖苷、槲皮素-3-O-β-半乳糖苷、槲皮素、木犀草素-7-O-葡萄糖苷、木犀草素、香叶木素、芹菜素等。煎剂对金黄色葡萄球菌、溶血性链球菌及卡他球菌有较强的抑制作用,对肺炎双球菌、脑膜炎双球菌、白喉杆菌、绿脓杆菌及钩端螺旋体等也有一定的抑制作用。蒲公英地上部分水提取物能活化巨噬细胞,可以抗肿瘤。

2.抗炎作用

慢性胃炎:蒲公英40g水煎150mL,冲白及粉30g调成糊,早晚空腹服,治胃溃疡、浅表性胃炎效果好。急性乳腺炎:将鲜蒲公英捣烂,带汁敷于乳腺红肿处,厚度2~3mm,每日1次,具有良好疗效。此外,蒲公英水煎服治疗急性乳腺炎也有很好的效果。慢性盆腔炎:蒲公英灌肠治疗慢性盆腔炎有效率较高。急性胆囊炎：取鲜蒲公英根20g，冰片0.2g，捣烂敷于患处，每日两次，可有很好的疗效。

3.其他作用

蒲公英用来治疗热性便秘、麦粒肿、炎性外痔等。

三、蒲公英的宜忌体质

1.适用体质

本品适用于湿热、气郁、瘀血和阴虚体质。蒲公英可以消肿散结、清利湿热，具有较好的通淋利尿作用，故湿热、气郁、瘀血体质可以食用。蒲公英苦寒，可以清热解毒，减少其阴液亏损。

2.慎用体质

阳虚体质慎用。由于蒲公英性寒，长期食用会对脾胃造成一定的损伤。

四、如何食用蒲公英

1.用法用量

无严格剂量限制，蒲公英一直是人们喜食的一种时令野菜，可以用来佐食。

2.食疗方

蒲公英粥

材料：蒲公英150g，粳米100g，少许葱花、盐和植物油。

做法：将蒲公英洗净后切末，粳米洗净备用，在锅中放入植物油和盐，蒲公英翻炒成熟待用。锅内放水，加入淘洗好的粳米煮至成粥，最后放入炒熟的蒲公英，熬煮几分钟即可。

服法：温热服用，冷饮易致腹泻。

功效：清热解毒。

第七十八节　蜂蜜

蜂蜜（图3-77）是蜜蜂从植物的花中采得花蜜后在蜂巢中经过充分酿造而成的天然甜物质。说起蜂蜜大家都不陌生，在秋燥季节，每天饮用一杯蜂蜜水能够促进肠道蠕动，对身体很有好处。

图3-77　蜂蜜

一、蜂蜜作用的古代观点

蜂蜜味甘，性平，归肺、脾和大肠经。

1.补中，润燥，止痛

《本草纲目》:“蜂蜜，其入药之功有五：清热也，补中也，解毒也，润燥也，止痛也。生则性凉，故能清热；熟则性温，故能补中；甘而和平，故能解毒；柔而濡泽，故能润燥；缓可以去急，故能止心腹肌肉疮疡之痛；和可以致中，故能调和百药而与甘草同功。张仲景治阳明结燥，大便不通，蜜煎导法，诚千古神方也。”

2.解毒

《神农本草经》:“主心腹邪气，诸惊痫痓，安五脏诸不足，益气补中，止痛解毒，和百药。”本品与乌头类药物同煎，可降低其毒性。服乌头类药物中毒者，大剂量服用本品，有一定的解毒作用。

二、蜂蜜作用的现代研究

1.化学成分

主要含葡萄糖和果糖，占65%～80%；蔗糖极少，不超过5%。还含糊精及挥发油、有机酸、蜡质、酶类等。《中国药典》规定本品含果糖和葡萄糖的总量不得少于60%，果糖与葡萄糖含量比值不得小于1.0。

2.药理作用

蜂蜜有促进实验动物小肠推进运动的作用，能显著缩短排便时间；能增强体液免疫功能；蜂蜜对多种细菌有抑杀作用（温度过高，或中性条件下加热，则使其抗菌力大大减弱或消失）；蜂蜜有解毒作用，以多种形式使用均可减弱乌头毒性，以加水同煎解毒效果最佳；蜂蜜能减轻化疗药物的不良反应；蜂蜜有加速肉芽组织生长，促进创伤组织愈合作用。此外，还有保肝、降血糖、降血脂和降血压等作用。

三、蜂蜜的宜忌体质

1.适用体质

本品适用于阴虚、气虚、阳虚和瘀血体质，蜂蜜性平，味甘，有补益脾胃、润肠通便的作用，能缓解口干、鼻干、皮肤干燥及大便干结等问题，还有安神的功效。

2.慎用体质

痰湿体质慎用。食用蜂蜜会加重体内的湿气，因此应慎重食用蜂蜜。

四、如何食用蜂蜜

1.用法用量

无严格剂量限制，常规取蜂蜜30g，用温开水冲服。每天饮用一杯蜂蜜水，可以排毒养颜，治疗高血压、便秘等。

2.食疗方

蜂蜜核桃仁

材料：核桃仁250g，蜂蜜50mL，白糖100g，植物油750mL。

做法：将核桃仁放入沸水浸泡后取出，剥去外衣，洗净沥干。植物油烧热，下核桃仁炸酥，将蜂蜜熬浓，浇在核桃仁上。

服法：直接食用。

功效：温补肺肾，润肠通便。

第七十九节　榧子

榧子（图3-78）又名榧实、赤果，为红豆杉科植物榧的种子，浙江省磐安县玉山镇所产的珍果——香榧闻名于世，故榧子又称为“玉山果”。南宋诗人何坦曾写有《乞蜂儿榧于郭德谊》诗两首，其中一首曰：“银甲弹开香粉坠，金盘堆起乳花圆。乞君东阁长生供，寿我北堂难老仙。”他把银甲比喻香榧的外壳，香粉喻为香榧的果仁，剥去香榧的壳后发出浓香的乳白色果肉露出来，堆成圆形，奉献给母亲，母亲吃了长寿，成为长寿的仙人。

图3-78　榧子及干燥成品

一、榧子作用的古代观点

榧子味甘，性温、平，入肺、胃、脾、大肠经。主五痔、杀三虫、坚筋骨、调荣卫。

1.杀虫消积

《日用本草》："杀腹间大小虫，小儿黄瘦，腹中有虫积者食之即愈。"《本草从新》："甘涩而平，杀虫。疗痔消积。"临床常与槟榔、芜荑、鹤虱等配合煎汤饮服。用治钩虫病，也可单独炒熟食用。

2.润燥通便

《本草便读》："能润肺，多食滑大肠。"

二、榧子作用的现代研究

榧子含脂肪油，其中有棕榈酸、硬脂酸、油酸、亚油酸的甘油酯和甾醇。又含草酸、葡萄糖、多糖、挥发油、鞣质等。通过高效液相分析表明，香榧中至少含有17种氨基酸。

1.对心血管的作用

经动物实验证明长叶榧茎粗提取物具有降压、扩血管作用。香榧种子有一定的降血脂和降胆固醇的作用。香榧子油对动脉粥样硬化形成有明显的预防作用。

2.抗肿瘤作用

从榧茎枝中提取得到的黄酮类化合物托亚埃Ⅰ号、托亚埃Ⅱ号具有抗肿瘤活性。从长叶榧叶中分离得到的反式瓔珞柏酸对人体DNA多聚酶β及白血病P388细胞具有明显的抑制作用。

3.驱虫作用

榧子对钩虫、绦虫有抑制杀灭作用，民间使用其单方或复方制剂治疗钩虫病、绦虫病、烧虫病、小儿黄瘦和虫积腹痛。据文献报道，日本榧种子油能通过麻痹蛙和豚鼠体内寄生虫的神经而在5～10分钟内将其杀灭。通过榧子治肠蛔虫的实验发现，蛔虫感染者服用榧子后转阴率达到了39.71%。

三、榧子的宜忌体质

本品适用于气虚、阴虚和阳虚体质。榧子能够消除疳积。特别适合疳积小儿，由于小儿的脏腑娇嫩功能尚未完善，加之孩子饮食过量，或者是饮食生冷、油腻、难消化食品，导致脾胃功能受损形成疳积。榧子善于杀虫消积，适合虫积腹痛。榧子属于果仁，润滑多脂，能够润肠通便，润燥滑肠。

四、如何食用榧子

1.用法用量

无严格剂量限制，榧子入药多连壳生用，打碎煎汤内服，常用量为15～50g；或炒熟去壳，取种仁嚼服，每次10～20枚；或入丸、散剂，驱虫宜用较大剂量顿服；治便秘、痔疮宜小量常服。

2.食疗方

榧子粥

材料：榧子30g，大米50g。

做法：将榧子去皮、择净，打碎，与大米同放入锅中，加清水适量，煮为稀粥。

服法：连续2～3天。

功效：杀虫泻下。

第八十节　酸枣仁

酸枣仁（图3-79）被称为“调睡参军”，为鼠李科植物酸枣的种子，作为中药材，历史悠久，始载于《神农本草经》，列为上品。

图3-79　酸枣及干燥酸枣仁

一、酸枣仁作用的古代观点

酸枣仁味酸、甘，性平；入心、脾、肝和胆经。

1.宁心，补肝，安神

《长沙药解》："宁心胆而除烦，敛神魂而就寐。"《药品化义》："又取香温以温肝、胆，若胆虚血少，心烦不寐，用此使肝、胆血足，则五脏安和，睡卧得宁；如胆有实热，则多睡，宜生用以平服气。"临床上常用于治疗以失眠、耳鸣、盗汗、心神不安为特征的神经衰弱，如酸枣仁汤、枣仁甘草合剂、酸枣仁粉等。《太平圣惠方》记载有"酸枣仁粥"，用于治疗心阴不足、心烦发热、心悸失眠等。

2.补虚损

《药品化义》："凡志苦伤血，用智损神，致心虚不足，精神失守，惊悸怔忡，恍惚多忘，虚汗烦渴，所当必用。"《名医别录》："补中，益肝气，坚筋骨，助阴气，令人肥健。"

3.敛阴生津

《本经逢原》："酸枣仁，熟则收敛精液，故疗胆虚不得眠，烦渴虚汗之证……伤寒虚烦多汗，及虚人盗汗，皆炒熟用之，总取收敛肝脾之津液也。"

二、酸枣仁作用的现代研究

1.镇静催眠作用

酸枣仁水煎液及皂苷、黄酮类、脂肪油等均能发挥镇静催眠的效果，药理实验研究显示，连续给小白鼠灌胃或注射酸枣仁煎剂，白鼠均表现为镇静及嗜睡，自主活动次数减少，入睡潜伏期缩短，酸枣仁主要通过抑制中枢神经，影响深睡眠状态，延长深睡眠时间，发挥镇静催眠效果。

2.降低血压

将酸枣仁水煎剂静脉注射麻醉大鼠，结果显示，大鼠血压明显下降，并通过实验验证了其降压作用不影响心肌收缩力、心率及冠状动脉血流量，与心脏功能无相关性。

三、酸枣仁的宜忌体质

1.适用体质

本品适用于气虚、阴虚、阳虚和湿热体质，酸枣仁味甘酸，甘能补能养，酸味能收能敛，甘酸化阴能生津止渴，酸味收敛止汗，对于阴虚导致的虚烦、燥渴、自汗的人群有一定的疗效。

2.慎用体质

湿热和气郁体质慎用。因其性收敛。

四、如何食用酸枣仁

1.用法用量

酸枣仁为常用食品，无严格剂量限制，常规每次10g左右。

2.食疗方

（1）龙眼酸枣仁饮

材料：芡实10g，龙眼12g，酸枣仁10g，白糖适量。

做法：将酸枣仁捣碎，拿干净的纱布包起来，同龙眼、芡实一起放入砂锅中，倒入500mL水，煮半小时，煮好后拿掉酸枣仁包，加入适量的白糖，去渣取汁。

服法：代茶饮用。

功效：益肾固精，安神养心，理气和中。

（2）酸枣仁小米粥

材料：酸枣仁40g，小米160g，蜂蜜40mL。

做法：先将酸枣仁碾成粉末状备用；小米用清水反复淘洗干净放入锅内，加入适量清水，用大火煮开后，改为小火熬成粥，待粥熟透时，加入酸枣粉和蜂蜜，再煮十分钟即可出锅。

服法：每日早晚食用。

功效：安神宁心。

第八十一节　鲜白茅根

白茅根（图3-80）来源于禾本科植物白茅的干燥根茎，为民间常用中草药，具有悠久的药用历史，鲜用功效更佳。

图3-80　白茅及鲜白茅根

一、鲜白茅根作用的古代观点

鲜白茅根味甘，性寒，归肺、胃和膀胱经。

1.凉血止血

《本草正义》："白茅根，寒凉而味甚甘，能清血分之热，而不伤干燥，又不黏腻，故凉血而不虑其积瘀，以主吐衄呕血。"

2.清热利尿

《本草纲目》："白茅根，甘能除伏热，利小便……治黄疸水肿，乃良物也。"《本草经疏》："清热利尿"。

3.生津止渴

《医学衷中参西录》："为其味甘，且鲜者嚼之多液，故能入胃滋阴以生津止渴。"

二、鲜白茅根作用的现代研究

白茅根主要含有白茅素、芦竹素、印白茅素以及白头翁素，还有有机酸、甾醇及糖类。

1.抗炎作用

有学者用白茅根提取物乙酸乙酯部位干预阿霉素肾病大鼠发现，能改善肾脏组织病理损害，抑制肾小球纤维化，减轻肾脏组织炎症反应。

2.抗肿瘤作用

有学者依据临床经验用白茅根、薏苡仁等4味中药组成肝癌复方发现，其对小鼠肝癌H22细胞移植瘤有明显抑制作用，抑瘤率为53.85%，优于环磷酰胺。白茅根水提取物和白茅根多糖均能抑制人肝癌细胞增殖和小鼠实体瘤的生长，升高荷瘤小鼠外周血的白细胞介素分泌水平，提示白茅根及其提取物具有抗肝脏肿瘤作用。

3.免疫调节作用

白茅根的石油醚部位和乙酸乙酯部位能降低补体C1、补体C2、补体C3、补体C4和补体C5的活性，抑制补体经典途径的活化。有学者用白茅根煎剂给小鼠灌胃至第20天时腹腔注射5%淀粉和0.9%氯化钠注射液1小时后，再注入1%鸡红细胞发现，其腹腔巨噬细胞数量、吞噬百分率和吞噬指数均显著提高。

三、白茅根的宜忌体质

本品适用于阴虚和湿热体质。白茅根甘寒入血分，寒能清血分之热，起到凉血止血的功效。《医学衷中参西录》中记载用白茅根与藕节同用，均用鲜品煮汁服用，起到凉血止血、清热利尿的功效。白茅根汁液丰富，能够入胃滋阴以生津止渴，对于热邪扰肺胃导致的烦躁易怒、口渴有一定的疗效。

四、如何食用白茅根

1.用法用量

无严格剂量限制，常规10g左右。可鲜用嚼服。

2.食疗方

（1）白茅根猪肉汤

材料：白茅根20g，胡萝卜250g，甘蔗150g，瘦猪肉120g，盐适量。

做法：胡萝卜去皮、蒂，切厚片；甘蔗去皮，斩段劈开；白茅根、瘦猪肉洗净，将以上材料放入沸水中，用中火煲3小时后，以少许细盐调味。

服法：分3次食用。

功效：养阴生津。

（2）白茅根荸荠茶

材料：鲜白茅根、荸荠各50g。

做法：将上述材料加沸水500mL，共煮20分钟，取汁加白糖适量饮用。

服法：每日1剂，分两次服。

功效：清热利尿。

（3）白茅根金银花茶

材料：白茅根50g，金银花20g，连翘10g，水1200mL。

做法：上述材料洗净，大火煮沸后，小火煮20分钟，滤渣即可。

服法：代茶饮用。

功效：凉血止血，生津止渴。

第八十二节　鲜芦根

鲜芦根（图3-81）别名芦茅根、苇根、芦通、苇子根、芦芽根、甜梗子。为单子叶植物禾本科芦苇的新鲜或干燥根茎。

图3-81　芦苇及芦根

一、鲜芦根作用的古代观点

鲜芦根味甘，性寒，归肺经和胃经。

1.清热生津、利尿

《名医别录》："主消渴客热，止小便利。"《本草经疏》：

"芦根，味甘寒而无毒。消渴者，中焦有热，则脾胃干燥，津液不生而然也，甘能益胃和中，寒能除热降火，热解胃和，则津液流通而渴止矣。"《日华子诸家本草》："治寒热，时疾，烦闷，妊孕人心热，并泻痢人渴。"《玉楸药解》："清降肺胃，消荡郁烦，生津止渴。"《医林纂要探源》："能渗湿行水，疗肺痈。"

2.除烦，止吐

《新修本草》："疗呕逆不下食、胃中热、伤寒患者弥良。"《本草原始》："治干呕霍乱。"《医学衷中参西录》："苇之根居于水底，其性凉而善升……且其性凉能清肺热，中空能理肺气……"

二、鲜芦根作用的现代研究

1.保肝作用

芦根多糖能够显著增加肝细胞抗损伤效果，减少损伤肝脏的毒物含量，芦根多糖不仅能够增强肝功能，也能够抑制肝纤维化，还能够改善肝脂肪化。

2.抗氧化作用

利用芦根测试其对脂质体抗氧化活性的测定、还原力、清除抑制羟基自由基等方面的体外抗氧化功能，发现其具有显著的抗氧化活性。

三、鲜芦根的宜忌体质

1.适用体质

本品适用于阴虚和湿热体质，鲜芦根可清热生津，理气和中，尤其适用口燥咽干，少津者。

2.慎用体质

阳虚体质慎用，脾胃虚寒者少服。

四、如何食用鲜茅根

1.用法用量

无严格剂量限制，常规在10g左右。

2.食疗方

（1）芦根绿豆汤

材料：芦苇根、绿豆适量。

做法：上述材料加水煮开，加适量冰糖。

服法：代茶饮。

功效：清热生津。

（2）芦根麦冬饮

材料：鲜芦根30g（干品用15g），麦冬15g。

做法：上述材料洗净冲入沸水，加盖焖10分钟即可。

服法：代茶饮。

功效：滋阴生津。

（3）芦根青皮粳米粥

材料：新鲜芦根100g，青皮5g，粳米100g，生姜2片。

做法：将鲜芦根洗净后，切成1cm长的细段，与青皮同放入锅内，加适量冷水，浸泡30分钟后，大火煮沸，改小火煎20分钟。捞出药渣，加入洗净的粳米，煮至粳米开花，粥汤黏锅。出锅前5分钟，放入生姜。

服法：每天分两次温服。

功效：清热生津。

（4）芦根荸荠雪梨饮

材料：鲜芦根60g，鲜藕（去节）、荸荠（去节）各90g，雪梨10个，鲜麦冬60g。

做法：绞汁。

服法：温饮或冷饮。

功效：清热生津。

第八十三节　蝮蛇

尖吻蝮蛇（图3-82）又称五步蛇、百步蛇、蕲蛇等，为蝮蛇科动物蝮蛇除去内脏的全体，是中国名贵的传统中药，在封建王朝时是指定进贡的珍品，具有非常高的药用、保健和营养价值。

图3-82　蝮蛇

一、蝮蛇作用的古代观点

蝮蛇味甘，性温，归脾、肝经，有毒。

能祛风通络，《本草拾遗》记载其能“治风痹”“治大风及诸恶风，恶疮瘰疬，皮肤顽痹，半身枯死，皮肤手足脏腑间重疾并主之”。蕲蛇善治风湿顽痹，为“截风要药”，《本草纲目》：“能透骨搜风，截惊定搐，为风痹、惊搐、癞癣、恶疮要药……”

二、蝮蛇作用的现代研究

1.抗炎镇痛作用

研究发现蕲蛇提取物醇溶性和水溶性部位有一定的抗炎及镇痛作用，且水溶性部位较醇溶性部位的药效好。通过观察蕲蛇不同有效部位提取物对佐剂性关节炎大鼠的抗炎作用，发现蕲蛇不同有效部位提取物均能减轻大鼠踝关节滑膜细胞变性、增生和炎性细胞浸润，并且通过下调血清炎性细胞因子水平，发挥抗炎效应。

2.治疗急性脑梗死

应用蕲蛇酶治疗90例急性脑梗死患者并进行安全性评价。结果表明对急性脑梗死患者，在常规治疗的基础上，加用小剂量蕲蛇酶治疗，可降低纤维蛋白原，抑制和阻止已有的或后继的血栓形成，降低循环阻力，改善血流供应，促进侧支循环建立，从而起到保护神经功能和促进神经功能恢复的作用。蕲蛇酶注射液具有降低纤维蛋白原、血液黏稠度、溶栓、扩张血管、抑制血小板聚集的功能，是急性期溶栓的一种有效药物。

3.治疗类风湿关节炎

蕲蛇对类风湿关节炎有很强的免疫调节作用，可以通过对肿瘤坏死因子及白细胞介素等细胞因子进行免疫调节作用。蕲蛇有很强抗凝活血作用以及降低血中纤维蛋白原浓度及抑制血小板聚集的作用，起到活血通络的作用。

三、蝮蛇的宜忌体质

无严格体质限制，更适用于痰湿、瘀血和气郁体质。蝮蛇可以祛风通络，善于走窜，能够通脉活血。

四、如何食用蝮蛇

1.用法用量

常规泡酒或炖汤服用，服用泡酒1次不超过50g。

2.食疗方

尖吻蝮属于二级保护野生动物，出售、收购、利用国家二级保护野生动物或者其产品的，必须经省、自治区、直辖市政府野生动物行政主管部门或者其授权的单位批准，故常规不食用。

第八十四节　橘皮

橘皮（图3-83）又称陈皮，为芸香科植物橘及栽培变种的干燥成熟果皮，主要产于广东、广西、福建、四川和江西等地。以广东新会产的最为道地，被称为广东三宝之一。

图3-83　橘及橘皮干燥成品

一、橘皮作用的古代观点

橘皮味苦、辛，性温，归肺、脾经。

1.燥湿健脾

《本草经疏》："脾为运动磨物主脏，气滞则不能消化水谷，为吐逆、霍乱、泄泻等证，苦温能燥脾家之湿，使滞气运行，诸证自瘳矣。”《本草汇言》：“其气温平，善于通达，故能止呕、止咳，健胃和脾者也。东垣曰，夫人以脾胃为主，而治病以调气为先，如欲调气健脾者，橘皮之功居其首焉。”

2.理气化痰

《医林纂要探源》：“橘皮，主于顺气、消痰、去郁。”《本草害利》：“止嗽定呕清痰，理气和中妙品。”《本草求真》：“调中快膈。导痰消滞。利水破癥。宣五脏理气燥湿……大法治痰以健脾顺气为主。”

二、橘皮作用的现代研究

橘皮主要含黄酮类、挥发油类、生物碱类和微量元素等，内有橙皮苷、新橙皮苷、柠檬烯、辛弗林等。

1.祛痰平喘作用

橘皮中含有的挥发油，能刺激支气管，引起腺体分泌增多，从而达到祛痰作用，其有效成分为柠檬烯。鲜品橘皮煎剂用于气管灌流，可出现支气管扩张作用。橘皮的醇提取物可完全对抗组织胺所致的豚鼠离体支气管痉挛收缩。

2.对胃肠平滑肌作用

橘皮煎剂作用于麻醉兔在位子宫呈强直性收缩，其作用与肾上腺素相似。故在临床中能“芳香健胃、祛风下气”，能缓解“脾胃气滞”。

3.抗氧化、清除自由基作用

有学者利用DPPH自由基清除实验、ABTS自由基清除实验、羟基自由基清除实验和总还原能力测定实验综合评价不同年份的新会橘皮挥发油的抗氧化能力，发现不同年份的新会橘皮挥发油均表现出DPPH、ABTS、羟基自由基清除能力和还原能力，且抗氧化效果与挥发油的体积分数呈量效关系。广橘皮中茶枝柑皮多糖可明显改善H_2O_2诱导的PC12细胞氧化损伤，显著降低细胞内丙二醛含量，极显著提高细胞内超氧化物歧化酶和谷胱甘肽过氧化物酶活性，提示茶枝柑皮多糖对H_2O_2诱导PC12细胞损伤具有明显的保护作用。

三、橘皮的宜忌体质

本品适用于气虚、痰湿、瘀血和气郁体质。橘皮健脾燥湿，能恢复脾胃的运化功能，其味苦、辛，性温，更可燥湿化痰。

四、如何食用橘皮

1.用法用量

无严格剂量限制，常规作调味剂，每次3～10g。

2.食疗方

（1）橘皮红豆排骨汤

材料：排骨250g，赤小豆120g，橘皮3g，党参10g，清水2000mL，盐适量。

做法：把材料洗净，沥干水分。排骨斩块，汆水，再洗净备用。往锅内注入清水，用大火煮沸后，放入全部材料，改用小火续煮2小时，下盐调味即可。

服法：作汤温热服用。

功效：健脾开胃，补血养颜。

（2）黄芪红糖橘皮粥

材料：大米100g，黄芪30g，红糖30g，橘皮6g。

做法：把材料洗净，沥干水分。黄芪切片，加适量清水，煎煮30分钟去渣。将大米、橘皮、红糖放入锅中，再倒入黄芪汁，加适量清水，用大火煮沸后，再用小火熬煮30分钟成粥即可。

服法：当粥温热服用。

功效：益气养颜，补血祛瘀。

第八十五节　薄荷

薄荷（图3-84）别名叫“银丹草”，为唇形科植物，在我国分布极广。在古代时人们就把薄荷作为观赏植物。汉代著名文学家杨雄在其所著《甘泉赋》中已有汉武帝在甘泉离宫内种植薄荷的记载。

图3-84　薄荷及干燥成品

一、薄荷作用的古代观点

薄荷味辛，性凉，归肺、肝经。

1.疏散风热

《本草衍义》："小儿惊风，壮热，须此引药；治骨蒸劳热，用其汁与众药为膏。"本品辛以发散，凉以清热，清轻凉散，其辛散之性较强，是辛凉解表药中最能宣散表邪，且有一定发汗作用之药，故常用于风热感冒和温病卫分证。

2.清利头目，利咽透疹

李杲认为薄荷能"主清利头目"，《本草纲目》："利咽喉、口齿诸病。治瘰疬，疮疥，风瘙瘾疹。"本品轻扬升浮、芳香通窍，功善疏散上焦风热，清头目，利咽喉。

3.疏肝行气

王好古认为其"能搜肝气。又主肺盛有余，肩背痛及风寒汗出”，本品兼入肝经，能疏肝行气，常配伍柴胡、白芍、当归等疏肝理气调经之品，治疗肝郁气滞，胸胁胀痛，月经不调，如逍遥散(《太平惠民和剂局方》)。

二、薄荷作用的现代研究

1.化学成分

主要含挥发油：薄荷脑（薄荷醇），薄荷酮，异薄荷酮，胡薄荷酮，α-蒎烯，柠檬烯等。《中国药典》规定本品含挥发油不得少于0.80%（mL/g），饮片含挥发油不得少于0.40%（mL/g）。

2.药理作用

薄荷油内服通过兴奋中枢神经系统，使皮肤毛细血管扩张，促进汗腺分泌，增加散热，而起到发汗解热作用。薄荷油能抑制胃肠平滑肌收缩，能对抗乙酰胆碱而呈现解痉作用。薄荷醇有利胆作用。薄荷油外用，能刺激末梢神经的冷感受器而产生冷感，并反射性地造成深部组织血管的变化而起到消炎、止痛、止痒、局部麻醉和抗刺激作用。此外，本品有祛痰、止咳、抗着床、抗早孕、抗病原微生物等作用。

三、薄荷的宜忌体质

本品适用于阴虚、湿热、气郁和瘀血体质。薄荷味辛性寒能散，通利六阳之会，除诸热之风邪。夏季食用薄荷，清肺降热，解暑降温。阴虚体质人群夏季食用最佳。

四、如何食用薄荷

1.用法用量

常规每次5g左右。

2.食疗方

（1）薄荷茶

材料：薄荷5g，绿茶3g。

做法：用200mL开水冲泡，可加适量冰糖。

服法：代茶饮用。

功效：清热消暑。

（2）薄荷糖

材料：薄荷30g，白砂糖500g，水适量。

做法：白砂糖放在锅中，加水少许，以小火煎熬至较稠厚时，加入薄荷细粉，调匀，再继续煎熬至用铲挑起即成丝状而不粘手时停火。将糖倒在表面涂过食用油的大搪瓷盘中，稍冷，将糖分割成条，再分割为约100块即可。

服法：经常含化食用。

功效：疏解风热，清咽利喉。

第八十六节　薏苡仁

薏苡仁（图3-85）就是我们所说的薏米，是植物薏苡的干燥成熟种仁。

图3-85　薏苡及薏苡仁干燥成品

一、薏苡仁作用的古代观点

薏苡仁味甘、淡，性凉，入肺、脾和胃经。

1.利水渗湿

《名医别录》:“除筋骨邪气不仁，利肠胃，消水肿，令人能食。”本品淡渗甘补，既能利水消肿，又能健脾补中。常用于脾虚湿胜之水肿腹胀，小便不利，可与茯苓、白术、黄芪等药同用；治水肿喘急，《集验独行方》中用其与郁李仁汁煮饭服食。治脚气浮肿，可与防己、木瓜、苍术同用。

2.健脾

《本草纲目》:“健脾益胃，补肺清热，祛风胜湿。炊饭食，治冷气；煎饮，利小便热淋。”本品能渗除脾湿，健脾止泻，尤宜治脾虚湿盛之泄泻，常与人参、茯苓、白术等合用，如参苓白术散(《太平惠民和剂局方》)。

3.除痹

《神农本草经》中认为其“微寒，主筋急拘挛”。拘挛有两种：《素问》注中“大筋受热，则缩而短，缩短故挛急不伸”，此是因热而拘挛也，故可用薏苡仁；《素问》言若因寒即筋急者，不可更用此也。凡用之，须倍于他药。此物力势和缓，须倍加用即见效。盖受寒即能使人筋急，受热故使人筋挛，若但热而不曾受寒，亦能使人筋缓，受湿则又引长无力。故本品渗湿除痹，能舒筋脉，缓和拘挛。

4.清热排脓

《药性论》：“主肺痿肺气，吐脓血，咳嗽涕唾上气。煎服之破五溪毒肿。”本品清肺肠之热，排脓消痈。治疗肺痈胸痛，咳吐脓痰，常与苇茎、冬瓜仁、桃仁等同用，如苇茎汤(《备急千金要方》)。治肠痈，可与附子、败酱草、牡丹皮合用，如薏苡附子败酱散(《金匮要略》)。

二、薏苡仁作用的现代研究

1.化学成分

主要含酯类成分：甘油三油酸酯、α-单油酸甘油酯等；甾醇类成分：顺-阿魏酰豆甾醇、反-阿魏酰豆甾醇等；苯并唑酮类成分：薏苡素等；还含薏苡仁多糖等。

2. 药理作用

薏苡仁煎剂、醇及丙酮提取物对癌细胞有明显抑制作用。薏苡仁内酯对小肠有抑制作用。其脂肪油能使血清钙、血糖量下降，并有解热、镇静、镇痛和调节免疫功能等作用。

三、薏苡仁的宜忌体质

1. 适用体质

本品适用于气虚、阴虚、痰湿和湿热体质，薏苡仁具有健脾清热功能，对湿热体质人群具有较好的降热除湿功能。

2. 慎用体质

脾虚无湿者、孕妇禁用。因薏苡仁具有较好的除湿功效，脾虚无湿者应当慎用；因薏苡仁具有兴奋子宫平滑肌功能，故妊娠孕妇应当慎用。

四、如何食用薏苡仁

1. 用法用量

无严格剂量限制，经常食用薏苡仁对脾胃虚弱、风湿性关节炎、水肿、皮肤扁平疣等症有治疗作用。

2. 食疗方

薏苡仁粥

材料：薏苡仁50g，白糖适量。

做法：洗净后放入锅内，再加水适量，先用大火烧开，后用小火煨熬，待薏苡仁粥熟后，加入适量白糖即可服用。

服法：温热服用。

功效：健脾清热。

第八十七节 薤白

薤白（图3-86）为百合科葱属植物小根蒜或薤的干燥鳞茎，主要产区在东北、河北、江苏、湖北等地，在全国大部分地区均有分布，以个大、饱满、黄白色、半透明者为佳。

图3-86 薤白及干燥成品

一、薤白作用的古代观点

薤白味辛、苦，性温，归心、肺、胃和大肠经。

1.温通阳气，散结

《本草求真》："薤，味辛则散，散则能使在上寒滞立消；

味苦则降，降则能使在下寒滞立下；气温则散，散则能使在中寒滞立除；体滑则通，通则能使久痼寒滞立解。”

2.行气导滞

《长沙药解》：“薤白，辛温通畅，善散壅滞，故痹者下达而变冲和，重者上达而化轻清。”治胃寒气滞之脘腹痞满胀痛，治胃肠气滞，泻痢里急后重。

二、薤白作用的现代研究

1.调血脂、抗动脉粥样硬化及抑制内皮细胞凋亡作用

薤白制剂能减弱动脉粥样硬化，减小动脉壁厚度。该机制可能是增加前列环素的合成及前列腺素的含量，干扰花生四烯酸的代谢，抑制血栓素A2的合成，从而改变前列环素和血栓素A2的比值，进而解除血液的高凝状态。研究发现，薤白中的甲基烯丙基三硫醚抑制血小板聚集和合成血栓素的作用较强。

2.抗氧化作用

通过研究发现其鲜汁可显著提高过量氧应激态大鼠的血清SOD和CAT的活性，保护T淋巴细胞，进而抑制形成血清过氧化酯质。薤白多糖半纯品具有抗羟自由基和超氧阴离子的双重功效。

三、薤白的宜忌体质

无严格限制，尤其适用于阳虚、瘀血、痰湿和气郁体质。

薤白性味辛温，辛能行气活血，温能祛散寒邪，对于寒邪凝滞经脉导致的闭阻不通有好的疗效。薤白又入心经，特别对于胸阳不振、寒凝气滞、气血不足导致的血行滞涩、心脉闭阻不通有十分好的效果。薤白辛温可入胃、大肠经。有行气导滞、消胀止痛的功效，如果寒邪犯胃阻滞气机，导致胃脘疼痛，恶心呕吐，得温痛减，遇寒加重，可以使用薤白，起到温胃散寒，行气导滞的功效。

四、如何食用薤白

1. 用法用量

无严格限制。

2. 食疗方

（1）薤白粥

材料：薤白25g，粳米100g。

做法：将薤白、粳米洗干净后，入锅煮粥，煮熟后加油、盐等调味品食用。

服用：当粥温热服用。

功效：宽胸通阳，行气止痛。

（2）薤白煎鸡蛋

材料：薤白100g，鸡蛋3枚。

做法：将薤白洗净切细，鸡蛋磕入碗中放盐，搅拌起泡。把锅烧热，放入猪油，油热后倒入鸡蛋液，撒上薤白细末，在火上煎5分钟，将一面煎成焦黄即成。

服法：直接食用。

功效：宽胸除痹。

（3）糖醋薤白

材料：薤白500g，白糖、白醋各适量。

做法：将薤白洗净，晾干水分，置入密封的容器中，加白糖、白醋。

服法：浸泡10天以后可食用。

功效：健脾醒酒，帮助消化。

第八十八节　覆盆子

覆盆子（图3-87）别称悬钩子、覆盆、覆盆莓、树梅、树莓、野莓、木莓、乌藨子等，为蔷薇科悬钩子属木本植物。在中国大部分地区都有分布，入药部位为干燥果实。

图3-87　覆盆子及干燥成品

一、覆盆子作用的古代观点

覆盆子味甘、酸，性温，归肝、肾、膀胱经。

益肾脏，治阳痿，缩小便，明目。《冯氏锦囊秘录》：“补虚续绝，强阴健阳，添精益气，精滑能固，阴痿能强，悦泽肌肤，安和脏腑，长发强志，即有补益之功，复多收敛之义……”《医学正传》：“月经全借肾水施化，肾水既乏，则经血日以干涸……”《万氏妇人科·种子》：“女子无子，多因经候不调……经水不调，不能成胎，谓之下元虚惫，不能聚血受精……”阴血不足，气血运行无力，瘀滞冲任胞脉，多为妇科疾病的病源。

二、覆盆子作用的现代研究

1.抗诱变作用

覆盆子具有很强的抗诱变作用，可用于妇科抗肿瘤、血管性疾病。

2.止血、抗凝作用

覆盆子的水提取物也具有明显的止血、凝血作用。覆盆子是否可应用于功能性子宫出血、围绝经期异常子宫出血、月经量过多、调理月经等方面，亟待药理学进一步研究。

3.溶脂减肥作用

覆盆子酮可以加速机体脂质代谢和能量利用，可达到消脂溶栓的作用。

三、覆盆子的宜忌体质

无禁忌体质，适用于阳虚和气虚体质。阳虚体质者尤其是肾阳虚者常见腰背酸痛、形寒肢冷、下利清谷或五更泻泄，伴多尿，遗精，阳痿，舌淡苔白，脉沉迟细弱无力。覆盆子可益肾脏，治阳痿，缩小便。

四、如何食用覆盆子

1.用法用量

无严格限制。食用前洗干净，用盐水泡一刻钟为宜，色、味比桑椹要好。

2.食疗方

（1）覆盆子粥

材料：粳米、覆盆子、蜂蜜。

做法：首先将粳米淘洗干净，用冷水浸泡半小时，捞出，沥干水分；将覆盆子洗净，用干净纱布包好，扎紧袋口；然后取锅放入冷水、覆盆子，煮沸后约15分钟；再拣去覆盆子，加入粳米，用大火煮开后改小火煮至粥成，下入蜂蜜调匀即可。

服法：温热服用。

功效：益肾固精缩尿，养肝明目。

（2）三子核桃肉益发汤

材料：猪肉（瘦）、女贞子、菟丝子、覆盆子（干）、核桃以及姜、盐适量。

做法：首先将女贞子、覆盆子、菟丝子分别洗净，核桃去壳略捣碎，瘦肉洗净，下锅，然后将全部材料共置瓦煲中，加水，煲至出味，加姜、盐调味，去渣，即可饮用。

服法：直接服用。

功效：益肾脏，治阳痿，缩小便，明目。

第八十九节　藿香

藿香（图3-88）为唇形目唇形科藿香属的多年生草本植物，产于广东、中国台湾等地的称“广藿香”。产于其他地方的称“土藿香”。

图3-88　霍香及干燥成品

一、藿香作用的古代观点

藿香味辛，性微温，归脾、胃、肺经。

1.芳香化浊，发表解暑

《本草便读》：“能辟疫而止呕，功颇善散，防助火以伤阴，藿香，辛温入肺，芳香入脾，快膈宣中，止呕吐，平霍乱……”《本草便读》：“至若治口疮，辟口气，皆从治法耳。”有发表祛湿、和中化浊的功能。治伤暑头痛，无汗发热，胸闷腹满。

2.和中止呕

《本草备要》：“治霍乱吐泻，心腹绞痛，肺虚有寒，上焦壅热……”《得配本草》：“温中快气，理脾和胃，为吐逆要药……得滑石，治暑月吐泻。”

二、藿香作用的现代研究

1.抗病原微生物

藿香对细菌、真菌、寄生虫和病毒都有很好的抑制作用，口含一叶可除口臭，预防传染病，并能用作防腐剂。

2.调节胃肠功能

广藿香水提取物能够很明显地提高胃蛋白酶的活性，增强胰腺分泌淀粉酶的功能，提高血清淀粉酶活力，广藿香具有一定的保护肠屏障功能，保护肠黏膜上皮的完整性。

3.止咳，化痰，平喘

有人用广藿香油和水提液作用于浓氨水致咳小鼠和喷雾致喘豚鼠，发现广藿香有止咳、化痰、平喘作用。

4.其他作用

广藿香还具有抗过敏、调节免疫力、抗肿瘤、抗血小板凝集等作用。

三、藿香的宜忌体质

1.适用体质

本品适用于痰湿、湿热和特禀体质，湿热体质者特别是脾胃的湿热，可见脘闷腹满，恶心厌食，便溏稀，尿短赤，脉濡数。藿香可用于湿阻脾胃、脘腹胀满、湿温初起等症，是醒脾化湿、芳化湿浊之要药。

2.慎用体质

阴虚体质慎用。肾阴虚、失眠、早泄、遗精，女子经少或经闭者不宜食用藿香叶。

四、如何食用藿香

1.用法用量

无严格剂量限制，常规9～18g。藿香的食用部位一般为嫩茎叶，其嫩茎叶为野味之佳品，可凉拌、炒食、炸食，也可做粥。藿香亦可作为烹饪佐料。

2. 食疗方

凉拌藿香

材料：藿香、食盐、味精、生抽、香油适量。

做法：将新鲜的藿香洗净并焯水，加入食盐、味精、生抽、香油适量，搅拌均匀。

服法：当凉菜食用。

功效：祛湿健脾。

第九十节　当归

当归（图3-89），又被称为云归、秦归，为伞形科植物当归的干燥根。主产于甘肃东南部，以岷县产量多、质量好，其次为云南、四川、陕西、湖北等省。

图3-89　当归

一、当归作用的古代观点

当归味甘、辛，性温，归肝、心、脾经。

1.补血活血

《本草正》："当归，其味甘而重，故专能补血，其气轻而辛，故又能行血，补中有动，行中有补，诚血中之气药，亦血中之圣药也。"

2.调经止痛

《汤液本草》则从当归各个部位的功效进行了分析"头能破血，身能养血，尾能行血"。《日华子诸家本草》："治一切风，一切血，补一切劳，破恶血，养新血及主癥癖。"

3.润肠通便

《圣济总录》中用当归治疗大便不通，说明用其润肠通便之效。

二、当归作用的现代研究

当归主要化学成分有挥发油、有机酸、多糖类、黄酮类等。研究发现当归中的挥发油能够实现舒张胃肠平滑肌的作用，达到降低肌张力的目的；当归中的黄酮类和苯酞类两种化学成分均具有较强的抗氧化作用；当归中的丙酮提取物、香豆素、挥发油以及多糖类等化学成分均具有一定程度的抗肿瘤药理作用。

现代研究还证明当归能够加快红细胞与血红蛋白生成，与其补血功效相一致。当归中化学成分还能够发挥抗肝损伤的药理作用，不仅可以减少肝组织中胶原沉积，而且还能够控制肝纤维形成和发展，从而达到改善肝功能以及抗肝损伤的作用，抑制肝纤维化进展成肝硬化。当归还是目前临床上抗抑郁复方药物的重要组成部分，如当归芍药散、无忧汤等典型的抗抑郁汤剂中均有当归。

三、当归的宜忌体质

1.适用体质

本品适用于瘀血、气郁、阳虚和气虚体质，血虚质者血液亏虚，脏腑、经络、形体失养，出现面色淡白或萎黄，唇舌、爪甲色淡，头晕眼花，心悸多梦，妇女月经量少、色淡、后期或经闭。当归具有补血活血的功效，著名的补血方“四物汤”中就有当归，故血虚体质者可服用当归，当归身或者全当归补血作用更佳。

阳虚体质者体内缺少阳气温煦作用，寒气较易入侵。而寒性凝滞，可能导致经脉血液瘀阻，女性可出现痛经。当归性温，可活血通经，调经止痛，适合阳虚质体内有瘀阻之人服用。此外当归还能治疗阳虚体质者易出现的风寒湿痹症状，故阳虚质者可服用当归。

2.慎用体质

痰湿和痰热体质慎用，《本草经疏》：“肠胃薄弱，泄泻溏薄及一切脾胃病恶食、不思食及食不消，并禁用之，即在产后胎前亦不得入。”湿阻中满及大便溏泄者慎服。《本草汇言》：

“风寒未清，恶寒发热，表证外见者，禁用之。”

四、如何食用当归

1.用法用量

当归内服常用量为6～12g。食用时一般作为香料和调味品使用。

2.食疗方

（1）当归蒸鸡

材料：当归20g，鸡肉500g，姜5g，葱10g，白糖10g，五香粉5g，调味料适量。

做法：将当归润透，切成薄片；鸡肉洗净，切成块。将鸡肉块放入碗内，加入盐、味精、姜、葱、酱油、白糖、料酒、五香粉，抓匀，腌制40分钟。将鸡肉块捞起，放入蒸碗内，加入当归，拌匀，置蒸笼内，大火蒸45分钟后停火，取出蒸碗，撒上香菜即成。

功效：补血和血，调经止痛。

（2）党参当归炖乳鸽

材料：当归15g，党参20g，乳鸽1只，姜4g，葱8g，盐3g，味精2g，胡椒粉2g，鸡油25mL，料酒10mL。

做法：将党参洗净，浸润透，切成段；当归洗净，浸润透，切成片；乳鸽去毛、内脏及爪；姜切片，葱切段。将党参、当归、乳鸽、姜、葱、料酒同放炖锅内，加清水800mL，置大火上烧沸，再用小火炖30分钟，加入盐、味精、胡椒粉、鸡油，搅匀即成。

功效：补气血。

第九十一节　山柰

山柰（图3-90），别名沙姜、三萘子、三赖、山辣。山柰气香特异，既是常用的食品香辛料，又有良好的药用价值。

图3-90　山柰

一、山柰作用的古代观点

山柰味辛，性温，归胃经。主治胃寒疼痛、寒湿吐泻、胸脘胀满、心腹冷痛、牙痛、风湿关节痛、跌打损伤等疾病。

1.散寒，祛湿，温中止痛

《本草纲目》："暖中，辟瘴疠恶气。治心腹冷气痛，寒湿霍乱，风虫牙痛，入合诸香用。"

2.行气消食

《本草汇言》："治停食不化，一切寒中诸证。"

二、山柰作用的现代研究

现代药理学研究表明，山柰中含有挥发油类、黄酮、酚酸类、二芳基庚烷类、苯丙素类化合物、萜类等多种生物活性物质，具有调节心血管系统、抗肿瘤、抗氧化、抗炎、杀虫抑菌等作用。在食品工业中常用作香料、调味料、抗氧化膜及防腐剂，也作为功能食品。

三、山柰的宜忌体质

1.适用体质

山柰可温阳散寒，行气，适用于需要温热的阳虚、瘀血、气郁和痰湿体质。

2.慎用体质

阴虚体质慎用。阴虚血亏，胃有郁热者不宜食用。

四、如何食用山柰

1.用法用量

常规作为各种菜肴的调味料，与鸡肉、牛肉或猪肉一起食用，味香可口。也可煎汤，6～9g，或入丸、散剂。

2.食疗方

（1）山柰五香酒

材料：山柰、砂仁、丁香、檀香、青皮、薄荷、藿香、甘松、官桂、大茴香、白芷、甘草、菊花各12g，红曲、木香、细辛各8g，干姜2g，小茴香5g，烧酒1000mL。

做法：以上食材以绢袋盛好，入烧酒中浸泡，10日后可用。

服法：每日早、晚各饮1次，每次20～30mL。

功效：化湿醒脾，散寒止痛，发表散邪。

（2）山柰醋丸

材料：山柰、丁香、当归、甘草各等份。

做法：上述材料研末，用醋调和做成丸，梧桐子大。

服法：每服30丸，酒下。

功效：可治心腹冷痛。

第九十二节　西红花

西红花（图3-91），又名藏红花、番红花。西红花在伊朗称之为“帝王之色”，印度称之为“让女人美丽的花”，主要用药部分为小小的柱头，因此显得十分珍贵，为著名的珍贵中药材，在多个方剂中应用，具有重要的药理价值与市场价值，同时也是珍贵的香料和调味品，在国际上被誉为“红色金子”。

图3-91　西红花

一、西红花作用的古代观点

西红花味甘，性平，归心、肝经。主治忧思郁结、胸膈痞闷、吐血、伤寒发狂、惊怖恍惚、妇女经闭、产后瘀血腹痛、跌仆肿痛。

1.解郁开结

《饮膳正要》："主心忧郁结，气闷不散，久服令人心喜。"

2.活血化瘀

《本草拾遗》："治各种痞结、吐血，屡试皆效。"

3.凉血解毒

西红花药性微寒，具有活血凉血、清热解毒的功效，能够有效地预防和改善麻疹、斑疹、血热等。

二、西红花作用的现代研究

西红花的化学成分主要包括萜类、黄酮类、蒽醌类、酚酸类、呋喃类和生物碱类等，具有抗氧化、抗焦虑、抗肿瘤、抗精神类疾病、利胆保肝作用，用来治疗糖尿病，预防中老年疾病等。西红花应用广泛，如用作药品、染料、香料和调味品等。

三、西红花的宜忌体质

1. 适用体质

《本草品汇精要》："散瘀调血，宽胸膈，开胃进饮食，久服滋下元，悦颜色。"气郁体质和瘀血体质者可以适当食用。

2. 忌用

出血性疾病忌用。

四、如何食用西红花

1. 用法用量

可煎汤，可冲泡或浸酒，每次1～3g。

2. 食疗方

（1）西红花蜂蜜水

材料：西红花5～8根，适量蜂蜜。

做法：西红花放入半杯开水中，等水凉后去除残渣，然后加入半杯开水，再加入适量蜂蜜，搅拌均匀。

服法：常规饮用。

功效：补气血，保护肝脏。

（2）西红花茶

材料：西红花0.6g，水一小杯。

做法：浸一夜。

服法：常规饮用。

功效：凉血解郁。

第九十三节　草果

草果（图3-92），又名草果仁、草果子，因草本植物结实形小似果而得名。草果作为一种重要的药食同源中药材，被广泛应用于食品及香料行业。

图3-92　草果

一、草果作用的古代观点

草果味辛，性温，归脾、胃经。主治疟疾、痰饮痞满、脘腹冷痛、反胃、呕吐泄泻、食积等症。

1.下气止呕，开郁化食

《饮膳正要》："治心腹痛，止呕、补胃、下气。"《本经逢原》："草果除寒，燥湿，开郁，化食，利膈上痰，解面食、鱼、肉诸毒。”

2. 燥湿除寒，祛痰截疟

《本草正义》：“草果，辛温燥烈，善除寒湿而温燥中宫，故为脾胃寒湿主药。”李杲曰：“温脾胃，止呕吐，治脾寒湿、寒痰；益真气，消一切冷气膨胀，化疟母，清宿食，解酒毒、果积。兼辟瘴解瘟。”

二、草果作用的现代研究

草果主要化学成分有挥发油、多酚类、二苯基庚烷、双环壬烷和甾醇类等，具有调节胃肠功能、抗氧化、抗菌、抗炎、镇痛、抗肿瘤、改变药物通透性、减肥降脂和降糖等药理活性。草果既可用作中草药材，也可作为调味香料用于菜肴烹饪。

三、草果的宜忌体质

1. 适用体质

本品适用于阳虚、气郁和痰湿体质。草果性温，开郁，有燥湿除寒、祛痰之功效，适用于阳虚体质和痰湿体质。

2. 慎用体质

阴虚和湿热体质慎用。草果辛温燥烈，津液不足及燥热者不宜食用。

四、如何食用草果

1.用法用量

草果是厨房常用调味料之一，能消食健胃，解酒毒，祛臭，每次3~6g。

2.食疗方

（1）草果熏鸡

材料：草果10g，仔鸡2只（1600g），茶叶25g，白糖25g，芝麻油25g。

做法：将仔鸡从脊背开膛，取出内脏，洗净，去鸡皮，放入凉水中泡1小时，然后放在酱锅中酱熟，捞出控干。熏锅加热，将草果、茶叶、白糖拌好，撒在锅中，放上箅子，把子鸡放在箅子上，盖严后点火，利用草果、茶叶、白糖的烟，将鸡熏成枣红色，抹上芝麻油。将熏好的鸡切成条，放在盘内即成。

服法：常规饮食。

功效：温中燥湿，除痰截疟，化积消食。

（2）草果羊骨汤

材料：带肉羊骨1000g，草果5g，生姜30g。

做法：羊骨锤破，与草果、生姜慢火熬汁去渣，加食盐少许，调味饮服。

服法：常规饮食。

功效：补肾养肝，益气养血。适用于虚劳羸瘦，腰膝无力等症。

第九十四节　姜黄

姜黄（图3-93）别名黄姜、宝鼎香、毛姜黄，为姜科植物姜黄的干燥根茎，原产于印度。姜黄不同于烹饪用的生姜，性质温和，含有许多对人体有益的营养成分，常用作食品添加剂。

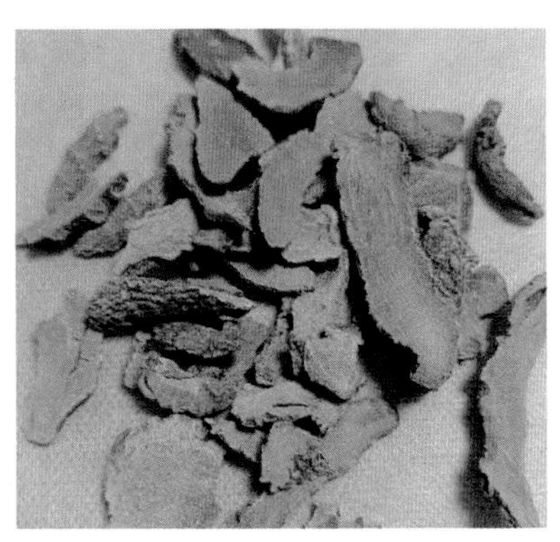

图3-93　姜黄

一、姜黄作用的古代观点

姜黄性温，味辛、苦，归脾、肝经，主治心腹结积、气证、痞证，胀满喘噎、胸胁刺痛、闭经、癥瘕、四肢风寒湿痹、跌仆肿痛等。

1. 可破血行气

《新修本草》:“主心腹结积，疰忤，下气，破血，除风热，消痈肿，功力烈于郁金。”《本草求原》:“姜黄，益火生气，辛温达火化气，气生化则津液行于三阴三阳，清者注于肺，浊者注于经、溜于海，而血自行，是理气散结而兼泄血也。”《本草纲目》:“治风痹臂痛……姜黄、郁金、蒁药（莪术）三物，形状功用皆相近。但郁金入心治血，而姜黄兼入脾、兼治气；蒁药则入肝，兼治气中之血，为不同耳。”

2. 通经止痛

《本草求真》:“此药辛少苦多，性气过于郁金，破血立通，下气最速，凡一切结气积气，癥瘕瘀血，血闭痈疽，并皆有效，以其气血兼理耳。”《日华子诸家本草》:“治癥瘕血块，痈肿，通月经，治跌仆瘀血，消肿毒；止暴风痛冷气，下食。”

二、姜黄作用的现代研究

1. 化学成分

姜黄中含有酚酸类、萜类、生物碱、甾醇类、黄酮及其糖苷类化合物、甾族化合物、长链脂肪酸、生物碱和多糖等物质。

2. 药理作用

具有抗肿瘤、抗氧化、降血糖、抗炎、抗菌、抗病毒、保肝、利胆、降血脂、保护神经等作用。

三、姜黄的宜忌体质

1. 适用体质

本品适用于瘀血和气郁体质，《新修本草》：“主心腹结积，疰忤，下气，破血，除风热，消痈肿。”姜黄属活血化瘀药下属分类的活血止痛药，其活血散瘀止痛作用适用于瘀血质，行气健脾适用于气郁质。

本品也适用于痰湿和阳虚体质，辛温而兼苦，能外散风寒湿痹，以寒凝阻络者最佳。

2. 慎用体质

气虚和血虚体质慎用。《本草经疏》：“凡病因血虚臂痛，血虚腹痛，而非瘀血凝滞、气上逆作胀者，切勿误用。误则愈伤血分，令病转剧。”姜黄活血破气，易损伤气血，故血虚而无气滞血瘀者忌服。

阴虚和湿热体质慎用。姜黄性温，可破血行气、散寒止痛，本身阴虚火旺之人用之会造成内热滋生更甚。

四、如何食用姜黄

1. 用法用量

用量3～10g。食用仅作为香辛料和调味品使用。孕妇忌用。

2.食疗方

（1）姜黄排骨汤（2～3人份）

材料：排骨500g，姜黄粉1/2茶匙，蒜头、黑胡椒粉、盐适量。

做法：将排骨洗净，入沸水中汆烫去血水杂质，捞起用冷水洗净。蒜头去皮与排骨入锅，水淹过食材，加1/2茶匙的姜黄粉。大火煮开后，转中小火煮25分钟即可。完成后加入适量黑胡椒粉、盐调味。

服法：每日1次。

功效：抗癌。

（2）橘络姜黄汤

材料：橘络6g，姜黄15g。

做法：先将橘络、姜黄用清水洗净。一同放入锅中，加入适量清水，以慢火煮1小时。

服法：饮汤，每日1次。

功效：化痰，降脂，活血。

（3）姜黄瘦肉汤

材料：鲜姜黄20g，瘦肉100g，盐少许。

做法：先将姜黄洗净切成小片，备用。瘦肉洗净切成小块，两味共入锅中，加适量水；用小火炖至肉烂，以少量盐调味。

服法：食肉、饮汤。

功效：活血止痛。

（4）姜黄木瓜豆芽汤

材料：姜黄10g，木瓜10g，黄豆芽250g，油适量，盐5g。

做法：将姜黄、木瓜洗净备用。把准备好的姜黄和木瓜放入砂锅内，煎汁去渣。在汤中放入黄豆芽、猪肉同煮汤，熟后再加食盐。

服法：佐餐食用。

功效：破血行气，清热化湿，宣痹止痛。

第九十五节　荜茇

荜茇（图3-94）别名荜拔、荜拨梨、椹圣、鼠尾，为胡椒科植物荜茇的干燥近成熟或成熟果穗，是中、藏、蒙、维医的常用药材，以身干、肥大、色黑褐、质坚、味辛辣为佳。唐代《新修本草》、两晋、南北朝时的《雷公炮炙论》和宋代的《开宝本草》等医药名著中均有记载。

图3-94　荜茇及干燥成品

一、荜茇作用的古代观点

荜茇味辛，性热，归胃、脾、大肠经，主治脘腹冷痛、呕吐泄泻、寒凝气滞、胸痹心痛、头痛、牙痛等症。

1.温中散寒

《本草便读》："荜拨，大辛大热，味类胡椒，入胃与大肠，阳明药也。温中散寒，破滞气，开郁结，下气除痰，又能散上焦之浮热，凡一切牙痛、头风、吞酸等症，属于阳明湿火者，皆可用此以治之。"《海药本草》："主老冷心痛，水泻，虚痢，呕逆醋心，产后泄利。"《本草衍义》："走肠胃中冷气，呕吐，心腹满痛。"

2.下气止痛

《本草拾遗》："温中下气，补腰脚，消食，除胃冷，阴疝，痃癖。"荜茇散脾胃等脏器之寒气，用于治疗因寒引起的胃脘痛或脐腹痛、恶心、呕吐、泄泻等，可与肉桂、高良姜同用。

二、荜茇作用的现代研究

1.化学成分

荜茇主要活性成分为椒碱、N—异丁基葵二烯酰胺、派啶、荜茇酰胺、棕榈酸、四氢胡椒碱、芝麻素等，另外还有挥发油和脂肪油。

2. 药理作用

现代药理研究表明荜茇具有催眠、镇静、抗惊厥、抗肿瘤、抗抑郁、抗菌和抗病毒、改善骨骼肌松弛、改善脂代谢和糖代谢等作用。临床主要用于治疗胃痛、腹泻等症。

三、荜茇的宜忌体质

1. 适用体质

本品适用于阳虚、痰湿、瘀血和气郁体质，荜茇能温化脾胃滞留的寒湿之气，祛除寒湿或脾胃虚寒所致的疼痛，适宜阳虚体寒、寒痰阻滞、寒凝血瘀者祛散寒邪、温煦补养。

2. 慎用体质

阴虚和湿热体质慎用。荜茇性味大辛大热，为脾肾虚寒之主药，实热郁火、阴虚火旺者用之会导致气血津液进一步散发流失，故实热郁火、阴虚火旺者均忌服。

气虚体质慎用。《本草衍义》：“多服走泄真气，令人肠虚下重。”《本草纲目》：“辛热耗散，能动脾肺之火，多用令人目昏，食料尤不宜之。”过度使用荜茇会导致行气风火扰动，出现头晕头昏等症状。

四、如何食用荜茇

1. 用法用量

食用仅作为香辛料和调味品使用。每天1～3g。荜茇内服不宜过量、久服，多用令人目昏。孕妇、儿童应慎用。

2.食疗方

（1）党参荜茇兔肉汤

材料：兔肉90g，党参30g，荜茇9g，干姜9g，大枣8枚。

做法：兔肉洗净切块。党参、荜茇、干姜与大枣分别洗净且大枣去核。把全部用料一起放入锅内，加清水适量，用大火烧沸后，改用小火煮2小时后调味即可。

服法：每日1次。

功效：温中健脾，祛寒止痛。

（2）荜茇粥

材料：荜茇、胡椒、肉桂心各3g，粳米300g。

做法：将上三味筛选干净，打成细末。粳米淘洗后，倒入干净锅内，注入清水约2000mL，煮至米烂汤酽成粥。把药末加进粥内，边加边搅，待加完，搅匀后即可起锅。亦可略加盐调味。

服法：每日1次。

功效：温脾胃，通心阳，调气机，止疼痛。

（3）荜茇羊头蹄

材料：荜茇30g，羊头1个，羊蹄4个，干姜30g，胡椒10g，葱白50g，盐、豆豉各适量。

做法：羊头、羊蹄去毛洗净，置锅内，加水适量，炖至五成熟时，入荜茇、干姜、葱白、豆豉、胡椒、盐，小火炖至烂熟。

服法：食肉饮汤，佐餐分顿食。

功效：温补脾胃。

第四章 不同体质常用药膳

第一节 气虚质药膳

气虚质药膳指具有培补元气、益气健脾作用的膳食。如参枣米饭、莲子猪肚、黄芪炖母鸡、山药茯苓包子等。

一、参枣米饭

1.材料

党参15g，糯米250g，大枣30g，白糖50g。

2.做法

将党参、大枣煎取药汁备用，再将糯米淘净，置瓷碗中加水适量，煮熟，扣于盘中，然后将煮好的党参、大枣摆在饭上，最后加白糖于药汁内，煎成浓汁，浇在枣饭上即成。

3.功效

补中益气，养血宁神。

二、莲子猪肚

1.材料

猪肚1个，莲子40粒左右，香油、食盐、葱、生姜、蒜各适量。

2.做法

将猪肚洗净，把水发去心的莲子装在猪肚里，再用线缝合，放锅中加水清炖至熟。冷后将猪肚切成丝，与莲子共置盘中加调料拌匀即可。

3.功效

补益气血，滋养阴液，健脾补肾，养心安神。

三、黄芪炖母鸡

1.材料

黄芪120g，母鸡1只，生姜、八角茴香等适量。

2.做法

将母鸡去内脏，冲洗干净。黄芪洗净，切成长约3cm的节，装入鸡腹内，用线缝合。将鸡入锅内，加生姜、葱、八角茴香、绍酒、食盐和适量水，以大火烧沸，再用小火炖至鸡熟透。

3.功效

补气血，益五脏。

第二节 阴虚质药膳

阴虚质药膳指具有补益肝肾、养阴降火作用的膳食。如红烧甲鱼、百合粥、川贝母秋梨膏、雪羹汤等。

一、红烧甲鱼

1. 材料

甲鱼1只，食用油60g，料酒、生姜、花椒、酱油、冰糖适量。

2. 做法

将甲鱼去壳及内脏，洗净切小块。生姜切片。锅内放油，烧至7成热，把甲鱼肉放入煸炒；再把生姜、花椒等调味品入锅，添水后先用大火烧沸，然后用微火炖至肉烂出锅。

3. 功效

滋阴凉血。

二、百合粥

1. 材料

鲜百合30g（或干百合粉20g），粳米50g，冰糖适量。

2. 做法

先把百合掰瓣洗净，待粳米煮粥将熟时，放入鲜百合再煮二三沸，百合白而欲烂即成。若用干百合粉，可待粥成和入，然后加冰糖。

3.功效

润肺止咳，宁心安神。

三、川贝母秋梨膏

1.材料

款冬花、百合、麦冬、川贝母各30g，秋梨100g，冰糖50g，蜂蜜100g。

2.做法

将款冬花、百合、麦冬、川贝母入煲加水煎成浓汁，去渣留汁，再将去皮去核切成块状的秋梨以及冰糖、蜂蜜一同放入药汁内，小火慢煎成膏。冷却取出装瓶备用。

3.功效

润肺养阴，止咳化痰。

第三节　阳虚质药膳

阳虚质药膳指具有补肾温阳作用的膳食，如当归生姜羊肉汤、肉苁蓉炖羊肾、杜仲猪腰、干姜粥等。

一、当归生姜羊肉汤

1.材料

当归90g，生姜150g，羊肉500g。

2.做法

上3味物品加水8000mL，炖煮至3000mL。温服，每日3次。

3.功效

温寒止痛。(若寒多者，加生姜至500g；痛而多呕者，加橘皮60g、白术30g)

二、肉苁蓉炖羊肾

1.材料

肉苁蓉30g，羊肾1对，胡椒、味精、食盐各适量。

2.做法

羊肾、肉苁蓉（切片）同置砂锅内，加水适量，小火炖煮，熟透后将羊肾倒入碗中，加胡椒、味精、食盐少许。

3.功效

补肾，益精，壮阳。

三、杜仲猪腰

1.材料

杜仲末10g，猪腰(猪肾)1枚。

2. 做法

将猪腰去脂膜洗净切片，以椒盐腌后去腥水，拌入杜仲末，再以荷叶包裹，煨熟后食用。

3. 功效

温肾固精，补肝肾，强筋骨。

第四节　痰湿质药膳

痰湿质药膳指具有健脾利湿、化痰泄浊作用的膳食。如萝卜海带汤、红豆薏苡仁粥、橘皮薏苡仁粥等。

一、萝卜海带汤

1. 材料

白萝卜300g，海带100g。

2. 做法

将海带洗净，用温水浸泡5小时以上，连同浸泡之水一起装入砂锅内，先大火煮沸，再小火煨炖。将萝卜切片，待海带煮沸后下入砂锅同煮，直至烂熟。空腹食用。

3. 功效

健脾化痰，除浊解腻。

二、红豆薏苡仁粥

1. 材料

薏苡仁100g，赤小豆50g。

2. 做法

将赤小豆和薏苡仁浸泡2小时，加水煮成粥即可。

3. 功效

利水消肿，清热祛湿。

三、茯苓薏苡仁粥

1. 材料

茯苓9g，薏苡仁30g，竹茹9g，珍珠母20g。

2. 做法

把茯苓、竹茹、珍珠母包好，加水煎，去渣，取汁，用药汁与薏苡仁熬粥，待粥将成时，添加老红糖调味。

3. 功效

健脾化痰，平肝潜阳。

第五节　湿热质药膳

湿热质药膳指具有利湿清热作用的膳食。如冬瓜汤、泥鳅炖豆腐、车前草赤小豆煲猪肚等。

一、冬瓜汤

1.材料

冬瓜适量。

2.做法

冬瓜（连皮）适量，洗净切块，加水煮熟，入盐调味，饮汤食瓜。

3.功效

健脾行水。

二、泥鳅炖豆腐

1.材料

泥鳅鱼500g，豆腐250g，调料适量。

2.做法

泥鳅去内脏洗净，与豆腐同放入锅中，加入姜、葱、黄酒、盐等，放入适量水，大火烧沸，小火炖煮，至泥鳅半熟时，加水淀粉调匀，再炖至烂熟后加味精。

3.功效

利湿清热。

三、车前草赤小豆煲猪肚

1.材料

赤小豆50g，车前草100g，瘦肉200g，猪肚400g，姜2

片，蜜枣10g。

2.做法

将赤小豆、车前草洗净浸泡1小时，蜜枣洗净。猪小肚反复用盐洗去异味，瘦肉洗净切块。将所有材料及清水2500mL放入汤煲中，大火烧开，撇去浮沫，转小火煲2小时，再用大火煲30分钟，精盐调味即可。

3.功效

清热，利尿，消肿。

第六节 血瘀质药膳

血瘀质药膳指具有活血化瘀、行气通络作用的膳食，如田七鸡、桃仁粥、山楂汤等。

一、田七鸡

1.材料

田七6g，枸杞子30g，仔鸡1只。

2.做法

将鸡洗净切块，与田七、枸杞子同炖至鸡肉尽熟。饮汤食肉。

3.功效

补血、益气、调经。

二、桃仁粥

1.材料

桃仁30g（汤浸去皮尖、双仁），粳米60g。

2.做法

以水烂研桃仁后取汁，与粳米同煮熟。空腹食用。

3.功效

祛瘀活血，润肠通便。

三、山楂汤

1.材料

山楂60g。

2.做法

将山楂打碎，加水煎汤，用少许红糖或白糖调味。

3.功效

活血化瘀，收涩止泻。

第七节　气郁质药膳

气郁质药膳指具有疏肝理气作用的膳食。如橘皮粥、玫瑰花鸡蛋汤、佛手甲鱼汤等。

一、橘皮粥

1. 材料

橘皮10～20g（鲜者30g），粳米50～100g。

2. 做法

先把橘皮煎取药汁，去渣，然后加入粳米煮粥。或将橘皮晒干，研为细末，每次用3～5g，调入已煮沸的稀粥中，再同煮为粥。

3. 功效

顺气，健胃，化痰，止咳。

二、玫瑰花鸡蛋汤

1. 材料

玫瑰花15g，鸡蛋2只。

2. 做法

玫瑰花浸泡，去净心蒂后取花瓣。鸡蛋洗净。加清水450mL同煮，大火滚沸后改小火滚5分钟左右，蛋熟取起去壳，再滚片刻，可加入少许红糖。饮汤食蛋，分两次服。

3. 功效

补气解郁，活血调经。

三、佛手甲鱼汤

1.材料

佛手10g，白花蛇舌草30g，半边莲20g，大枣10个，甲鱼1只，生姜3片。

2.做法

诸药洗净，大枣去核，甲鱼洗净，去内脏。先用诸药与清水2000mL浓煎两次煎成300mL的药液，与甲鱼放入炖盅，加盖隔水炖3小时即可，饮用时方下盐。

3.功效

疏肝理气，软坚散结。

第八节　特禀质药膳

特禀质药膳指具有固气益表，养血消风作用的膳食。如葱白红枣鸡肉粥、固表粥、玉屏风粥等。

一、葱白红枣鸡肉粥

1.材料

粳米100g，大枣10枚（去核），连骨鸡肉100g。

2.做法

将上述食材分别洗净。姜切片，香菜、葱切末。锅内加水适量，放入鸡肉、姜片大火煮开，然后放入粳米、大枣熬

45分钟左右，最后加入葱白、香菜，调味服用。

3.功效

缓解过敏性鼻炎所致鼻塞、喷嚏、流清涕。

二、固表粥

1.材料

乌梅干15g，黄芩20g，川芎12g，梗米100g。

2.做法

将乌梅干、黄芩、川芎放石锅中加水煎开，再用小火慢煎出浆汁，取下药汁后，再加水煎开后取汁，用汁煮梗米成粥，加冰糖后趁热服。

3.功效

养血消风，扶正固表，抗过敏。

三、玉屏风粥

1.材料

黄芪15～30g，白术12g，防风6g，粳米100g，白糖适量。

2.做法

将上述3味中药加水煎煮，取汁去渣，再加入粳米一并煮粥，加白糖少许即可。

3.功效

益气健脾，固表止汗。

附件A：保健食品禁用物品名单

59种：

八角莲、八里麻、千金子、土青木香、山莨菪、川乌、广防己、马桑叶、马钱子、六角莲、天仙子、巴豆、水银、长春花、甘遂、生天南星、生半夏、生白附子、生狼毒、白降丹、石蒜、关木通、农吉痢、夹竹桃、朱砂、米壳（罂粟壳）、红升丹、红豆杉、红茴香、红粉、羊角拗、羊踯躅、丽江山慈姑、京大戟、昆明山海棠、河豚、闹羊花、青娘虫、鱼藤、洋地黄、洋金花、牵牛子、砒石（白砒、红砒、砒霜）、草乌、香加皮（杠柳皮）、骆驼蓬、鬼臼、莽草、铁棒槌、铃兰、雪上一枝蒿、黄花夹竹桃、斑蝥、硫磺、雄黄、雷公藤、颠茄、藜芦、蟾酥。

2016年3月4日，《冬虫夏草用于保健食品试点工作方案》停止执行。

附录B:《中医体质评分与判定》量表

附表-1　平和质问卷调查表

根据近一年的体验和感觉回答	没有	偶尔	有时	经常	总是
(1)您精力充沛吗?	1	2	3	4	5
(2)您容易疲乏吗?	5	4	3	2	1
(3)您说话声音低弱无力吗?	5	4	3	2	1
(4)您感到闷闷不乐、情绪低沉吗?	5	4	3	2	1
(5)您比一般人耐受不了寒冷(冬天的寒冷,夏天的冷空调、电扇等)吗?	5	4	3	2	1
(6)您能适应外界自然和社会环境的各种变化吗?	1	2	3	4	5
(7)您容易失眠吗?	5	4	3	2	1
(8)您容易忘事(健忘)吗?	5	4	3	2	1
判断结果:是□　基本是□　否□	得分=(各分值相加-8)/32×100=				

附表-2　气虚质问卷调查表

根据近一年的体验和感觉回答	没有	偶尔	有时	经常	总是
(1)您容易疲乏吗?	1	2	3	4	5
(2)您容易气短(呼吸短促,接不上气)吗?	1	2	3	4	5
(3)您容易心慌吗?	1	2	3	4	5

续表

根据近一年的体验和感觉回答	没有	偶尔	有时	经常	总是
（4）您容易头晕或站起时晕眩吗？	1	2	3	4	5
（5）您比别人容易患感冒吗？	1	2	3	4	5
（6）您喜欢安静、懒得说话吗？	1	2	3	4	5
（7）您说话声音低弱无力吗？	1	2	3	4	5
（8）您活动量稍大就容易出虚汗吗？	1	2	3	4	5
判断结果：是□　基本是□　否□	得分 =（各分值相加 -8）/32 × 100=				

附表-3　阳虚质问卷调查表

根据近一年的体验和感觉回答	没有	偶尔	有时	经常	总是
（1）您手脚发凉吗？	1	2	3	4	5
（2）您胃脘部、背部或腰膝部怕冷吗？	1	2	3	4	5
（3）您感到怕冷、衣服比别人穿得多吗？	1	2	3	4	5
（4）您比一般人耐受不了寒冷（冬天的寒冷或冷空调、电扇等）吗？	1	2	3	4	5
（5）您比别人容易患感冒吗？	1	2	3	4	5
（6）您吃（喝）凉的东西会感到不舒服或怕吃（喝）凉的吗？	1	2	3	4	5
（7）您受凉或吃（喝）凉的东西后，容易腹泻、拉肚子吗？	1	2	3	4	5
判断结果：是□　基本是□　否□	得分 =（各分值相加 -7）/28 × 100=				

附表-4　阴虚质问卷调查表

根据近一年的体验和感觉回答	没有	偶尔	有时	经常	总是
(1)您感到手脚心发热吗?	1	2	3	4	5
(2)您感觉身体或脸上发热吗?	1	2	3	4	5
(3)您皮肤或口唇干吗?	1	2	3	4	5
(4)您口唇的颜色比一般人红吗?	1	2	3	4	5
(5)您便秘或大便干燥吗?	1	2	3	4	5
(6)您面部两颧潮红或偏红吗?	1	2	3	4	5
(7)您感到眼睛干涩吗?	1	2	3	4	5
(8)您感到口干咽燥、总想喝水吗?	1	2	3	4	5
判断结果：是□　基本是□　否□	得分=(各分值相加-8)/32×100=				

附表-5　痰湿质问卷调查表

根据近一年的体验和感觉回答	没有	偶尔	有时	经常	总是
(1)您感到胸闷或腹部胀满吗?	1	2	3	4	5
(2)您感到身体沉重、不轻松或不爽快吗?	1	2	3	4	5
(3)您腹部肥满松软吗?	1	2	3	4	5
(4)您有额部油脂分泌多的现象吗?	1	2	3	4	5
(5)您上眼睑比别人肿(上眼睑有轻微隆起的现象)吗?	1	2	3	4	5
(6)您嘴里有黏黏的感觉吗?	1	2	3	4	5
(7)您平时痰多，特别是感到咽喉部有痰阻吗?	1	2	3	4	5

续表

根据近一年的体验和感觉回答	没有	偶尔	有时	经常	总是
(8)您舌苔厚腻或有舌苔厚的感觉吗?	1	2	3	4	5
判断结果：是□　基本是□　否□	得分=(各分值相加-8)/32×100=				

附表-6　湿热质问卷调查表

根据近一年的体验和感觉回答	没有	偶尔	有时	经常	总是
(1)您面部或鼻部有油腻感或者油亮发光吗?	1	2	3	4	5
(2)您容易生痤疮或疮疖吗?	1	2	3	4	5
(3)您感到口苦或嘴里有异味吗?	1	2	3	4	5
(4)您有大便黏滞不爽、不尽的感觉吗?	1	2	3	4	5
(5)您小便时尿道有发热感、尿色浓(深)吗?	1	2	3	4	5
(6)您带下色黄(白带颜色发黄)吗?(女性答)	1	2	3	4	5
(6)您的阴囊潮湿出汗吗?(男性答)	1	2	3	4	5
判断结果：是□　基本是□　否□	得分=(各分值相加-6)/24×100=				

附表-7　血瘀质问卷调查表

根据近一年的体验和感觉回答	没有	偶尔	有时	经常	总是
(1)您的皮肤在不知不觉中会出现青紫瘀斑(皮下出血)吗?	1	2	3	4	5
(2)您两颧部有细微红血丝吗?	1	2	3	4	5
(3)您身体上有哪里疼痛吗?	1	2	3	4	5

续表

根据近一年的体验和感觉回答	没有	偶尔	有时	经常	总是
(4)您面色晦暗，或出现褐斑吗?	1	2	3	4	5
(5)您容易有黑眼圈吗?	1	2	3	4	5
(6)您容易忘事(健忘)吗?	1	2	3	4	5
(7)您口唇颜色偏暗吗?	1	2	3	4	5
判断结果：是□　基本是□　否□	得分=(各分值相加-7)/28×100=				

附表-8　气郁质问卷调查表

根据近一年的体验和感觉回答	没有	偶尔	有时	经常	总是
(1)您感到闷闷不乐、情绪低沉吗?	1	2	3	4	5
(2)您精神紧张、焦虑不安吗?	1	2	3	4	5
(3)您多愁善感、感情脆弱吗?	1	2	3	4	5
(4)您容易感到害怕或受到惊吓吗?	1	2	3	4	5
(5)您胁肋部或乳房胀痛吗?	1	2	3	4	5
(6)您无缘无故叹气吗?	1	2	3	4	5
(7)您咽喉部有异物感，且吐之不出、咽之不下吗?	1	2	3	4	5
判断结果：是□　基本是□　否□	得分=(各分值相加-7)/28×100=				

附表-9　特禀质问卷调查表

根据近一年的体验和感觉回答	没有	偶尔	有时	经常	总是
根据近一年的体验和感觉回答	没有	偶尔	有时	经常	总是
(1)您不感冒也会打喷嚏吗?	1	2	3	4	5

根据近一年的体验和感觉回答	没有	偶尔	有时	经常	总是
(2)您不感冒也会鼻塞、流鼻涕吗?	1	2	3	4	5
(3)您有因季节变化、温度变化或异味等原因而咳喘的现象吗?	1	2	3	4	5
(4)您容易过敏(药物、食物、气味、花粉、季节交替时、气候变化等)吗?	1	2	3	4	5
(5)您的皮肤起荨麻疹(风团、风疹块、风疙瘩)吗?	1	2	3	4	5
(6)您的皮肤因过敏出现过紫癜(紫红色瘀点、瘀斑)吗?	1	2	3	4	5
(7)您的皮肤一抓就红,并出现抓痕吗?	1	2	3	4	5
判断结果:是□　基本是□　否□	得分=(各分值相加-7)/28×100=				

附录C：复合体质判定的雷达图分析方法

雷达图的具体制作方法为：若有N个维度的评价指标，则将整个圆做N等份，每个等份位置画一条半径，构造成N个数轴。然后在每一个单向轴（每个评价指标）上根据水平级数可进行等分。对每个样本来说，分别将N个观察值点映射到相应轴的位置上去，连接起来就成了该样本的雷达图（此方法可在Excel中实现）。在复合体质的判定中需要对多种信息进行综合分析，做出体质辨析。雷达图可用作多指标数量比较和描述。复合体质判定的雷达图分析方法如下：

第一，计算出每份《中医体质量表》平和质、气虚质、阴虚质、阳虚质、痰湿质、湿热质、血瘀质、气郁质、特禀质9种体质类型的得分；第二，根据《中医体质分类与判定标准》判定个体体质类型是属于平和质还是偏颇体质；第三，判定为偏颇体质之后，进一步应用雷达图帮助我们直观的表征气虚质、阴虚质、阳虚质、痰湿质、湿热质、血瘀质、气郁质、特禀质8个亚量表指标和相应的得分水平。在雷达图轴上，偏颇体质倾向较强者具有较长的射线段。如下图：

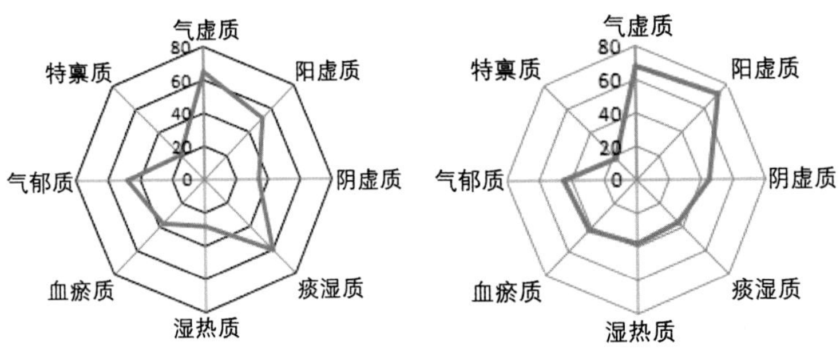
气虚质
阳虚质
阴虚质
痰湿质
湿热质
血瘀质
气郁质
特禀质
80
60
40
20
0
气虚质
阳虚质
阴虚质
痰湿质
湿热质
血瘀质
气郁质
特禀质
80
60
40
20
0

附图-1　体质雷达图

参考文献

1. 陈蓓蓓，张晓沁. 张仲景体质学说在多囊卵巢综合征诊治中的应用[J]. 四川中医，2020，38(03)：42-44.

2. 张伟伟，张帅，张有福. 中医体质学说研究进展[J]. 中国民间疗法，2019，27(23)：100-101.

3. 倪诚，李英帅，王琦. 中医体质研究40年回顾与展望[J]. 天津中医药，2019，36(02)：108-111.

4. 美丽，朱懿敏，罗晶，等. 丁香化学成分、药效及临床应用研究进展[J]. 中国实验方剂学杂志，2019，25(15)：222-227.

5. 陈石梅，黄锁义. 小茴香有效成分提取方法的研究进展[J]. 食品工业，2020，41(01)：260-263.

6. 钦传辉，宾菊兰. 小茴香热敷对腹腔镜结直肠癌根治术后胃肠功能恢复的影响[J]. 中国现代医学杂志，2019，29(20)：92-95.

7. 郭旭光. 手脚冰凉常饮茴香籽泡酒[J]. 农村百事通，2019，(17)：53.

8. 张禄捷，刘韬，李荣，等. 天然调味香料小茴香挥发油的研究进展[J]. 中国调味品，2015，(3)：117-120.

9. 李丹，吴莲波. 中药小蓟的药理作用研究进展[J]. 黑龙江中医药，2010，(3).46-47.

10. 杨炳友，杨春丽，刘艳，等.小蓟的研究进展[J].中草药，2017，48(23)：5039-5048.

11. 陈梦雨，刘伟，侴桂新，等.山药化学成分与药理活性研究进展[J].中医药学报，2020，48(2)：62-66.

12. 邸莎，赵林华，谭蓉，等.山药临床应用及其用量[J].吉林中医药，2019，39(7)：865-869.

13. 郑绍明，杨建宇，李杨，等.道地药材山楂的研究近况[J].光明中医，2020，35(14)：2263-2266.

14. 刘田，崔同，高哲，等.山楂膳食纤维的研究进展[J].食品研究与开发，2020，41(6)：199-204.

15. 李海涛，葛翎，段国梅，等.马齿苋的化学成分及药理活性研究进展[J].中国野生植物资源，2020，39(6)：43-47.

16. 梁琪，高占军，玉柱，等.日粮中不同马齿苋青贮添加量对奶山羊泌乳性能的影响[J].中国畜牧兽医，2018，45(8)：2204-2211.

17. 郭玲玲，王笑可，祝婧楠，等.马齿苋在食品加工中的应用研究进展[J].农业科技与装备，2017(8)：51-52.

18. 马齿苋炒鸡丝健脾益胃，解毒消肿[J].江苏卫生保健，2020，(3)：48.

19. 赵尔宓，张学文.中国两栖纲和爬行纲动物校正名录

[J]. 四川动物，2000，19(3)：196-207.

20. 国家药典委员会. 中华人民共和国药典(一部)[M]. 北京：化学工业出版社，2015.

21. 林喆，胡丽娜，李娜. 动物药整理研究——乌梢蛇[J]. 吉林中医药，2009(11)：982-984.

22. 郑艳青，王艳敏. 乌梢蛇的化学成分及分析方法研究进展[J]. 中国药业，2006，15(21)：59-60.

23. 张阳，吴宏丽，李峰，等. HPLC法测定商品乌梢蛇中核苷类成分的含量[J]. 辽宁中医杂志，2008，35(4)：581-582.

24. 刘冲，刘荫贞，乐智勇，等. 乌梢蛇本草考证及研究概况[J]. 亚太传统医药，2016，12，(24)，82-84.

25. 刘兴华. 乌蛇止痒丸治疗慢性湿疹38例临床观察[J]. 中医药导报，2004，10(7)：41-42.

26. 马哲龙，梁家红，陈金印，等. 乌梢蛇的抗炎镇痛作用[J]. 中药药理与临床，2011(6)：58-60.

27. 朱开明，胡明行，傅祺，等. 乌梢蛇幼蛇对不同食物开口率研究初探[J]. 湖南林业科技，2019，46(5)：100-104.

28. 朱春晓，谢明，李昶，等. 乌梢蛇的本草考证研究[J]. 中国现代中药，2018，20，(12)，1573-1578.

29. 韵海霞，陈志. 暗紫贝母的研究概况[J]. 中成药，2010，32(6)：1020-1024.

30. 倪进利. 川贝母真伪的鉴别[J]. 中国中医药现代远程教育，2013，11(10)：93-94.

31. 赵高琼，任波，董小萍，等. 川贝母研究现状[J]. 中药与临床，2012，3(6)：59-64.

32. 张飞，李劲松. 乌梅的研究进展[J]. 海峡药学，2006，18(4)：21-24.

33. 杨莹菲，胡汉昆，刘萍，等. 乌梅化学成分、临床应用及现代药理研究进展[J]. 中国药师，2012，15(3)：415-418.

34. 闫秀美，褚朝森，王晓丽. 木瓜的药用价值与剂型开发探讨[J]. 养生保健指南，2019，(26)：371.

35. 邹妍，鄢海燕. 中药木瓜的化学成分和药理活性研究进展[J]. 国际药学研究杂志，2019，46(7)：507-515.

36. 赵德贵. 木瓜分两种功效不相同[J]. 现代养生，2016，7(4)：25-26.

37. 张乔会，殷红清，问小龙，等. 火麻仁研究概述[J]. 湖北农业科学，2019，58(21)：10-14.

38. 魏承厚，牛德宝，任二芳，等. 火麻仁的产品开发与综合利用进展研究[J]. 食品工业，2019，40(02)：267-270.

39. 王婷，娄鑫，苗明三. 代代花的现代研究与思考[J]. 中医学报，2017，32(2)：276-278.

40. 肖培根. 新编中药志[M]. 北京：化学工业出版社，

2002.

41. 商国懋，邓玉娟. 福寿草代代花［J］. 首都食品与医药，2016，23(11)：60.

42. 宁侠，毛丽军，周绍华. 花类药在精神疾病治疗中的应用［J］. 北京中医药，2012，31(6)：61-463.

43. 王天星，姜建国. 代代花化学成分的分离鉴定和抗氧化活性研究［J］. 现代食品科技，2018，34(7)：76-80，67.

44. 刘塔斯，杨先国，龚力民，等. 药食两用中药玉竹的研究进展［J］. 中南药学，2008，6（9）：216-219.

45. 周劭宣，刘玥欣，黄晓巍，等. 药食两用中药玉竹药理作用及其应用的研究进展［J］. 人参研究，2017，9(3)：52-54.

46. 刘绍贵，胡翠娥. 黄精玉竹药食两用佳品［J］. 大众健康，2018，(3)：76.

47. 张泽峰. 滋补佳品说玉竹［J］. 家庭医药：就医选药，2020，6(4)：81.

48. 孙琛. 甘草的化学成分研究进展［J］. 科技资讯，2020，18(2)：64-65.

49. 胡佑志. 两款蜂蜜食疗方调理脂肪肝［J］. 蜜蜂杂志，2020，40(5)：后插1.

50. 王蕊，刘军，杨大宇，等. 白芷化学成分与药理作用研究进展［J］. 中医药信息，2020，37(2)：123-128.

51. 于静，朱艳华. 中药白芷在古方中美白作用的应用概述[J]. 黑龙江医药，2014(1)：156-158.

52. 元秀文. 白芷传说与美容作用[J]. 开卷有益（求医问药），2018，(9)：48-49.

53. 汪志. “植物元老”话银杏白果好吃要适量[J]. 家庭医学，2020，(2)：41.

54. 夏梦雨，张雪，王云，等. 白果的炮制方法、化学成分、药理活性及临床应用的研究进展[J]. 中国药房，2020，31(1)：123-128.

55. 李海洋，李若存，陈丹，等. 白扁豆研究进展[J]. 中医药导报，2018，24(10)：117-120.

56. 钟赣生. 中药学[M]. 北京：中医药出版社，2016.

57. 明. 李中梓. 雷公炮制药性解[M]. 北京：人民军医出版社，2013.

58. 林红强，周柏松，谭静，等. 肉桂的化学成分、药理活性及临床应用研究进展[J]. 特产研究，2018，40(2)：65-69.

59. 兰杨，姜红，张仕瑾，等. 余甘子化学成分、药理活性及质量控制提升的研究进展[J]. 中国药业，2020，29(7)：156，后插1-后插2，封3.

60. 周龙艳，田奥飞，胡旭光. 佛手化学成分及调节糖脂代谢紊乱药理作用研究进展[J]. 广东化工，2017，44(7)：

146-148.

61. 王玲波，徐文东．苦杏仁与甜杏仁的鉴别研究[J]．黑龙江医药，2014，(2)：278-280.

62. 时登龙，刘代缓，曹喆，等．苦杏仁药理作用及炮制工艺研究进展[J]．亚太传统医药，2018，14(12)：106-109.

63. 程鹏，李薇红，华剑，等．甜杏仁的药理作用研究进展[J]．现代药物与临床，2011，26(05)：365-369.

64. 钱学射，金敬红．沙棘的药用研究与开发[J]．中国野生植物资源，2015，34(06)：68-72.

65. 杨韵，徐波．牡蛎的化学成分及其生物活性研究进展[J]．中国现代中药，2015，17(12)：1345-1349.

66. 王岁岁，张余，戚良号，等．芡实超微粉的体内降血脂功效[J]．食品研究与开发，2019，40 (10)：65-69

67. 朱煜冬，张余，戚良号，等．芡实超微粉的小鼠体内延缓衰老功效[J]．中国老年学杂志，2019，39(15)：32-35

68. 平橹．芡实对糖尿病肾病大鼠肾脏组织MMP-9、TEMP-1及Collagen-IV表达的影响[D]．山西医科大学，2015：1-51.

69. 李湘利，刘静，燕伟，等．芡实多糖的抗氧化性及抑菌特性[J]．食品与发酵工业，2014，40 (11)：104-108.

70. 彭游，李仙芝，柏杨．赤小豆活性成分的提取及保健功能研究进展[J]．食品工业科技，2013，34(09)：389-391，395.

71. 孙丽丽，董银卯，李丽，等. 红豆生物活性成分及其制备工艺研究进展[J]. 食品工业科技，2013，34(04)：390-392，396.

72. 张波，薛文通. 红小豆功能特性研究进展[J]. 食品科学，2012，33(09)：264-266.

73. 闫婕，卫莹芳，龙飞，等. 不同产地赤小豆总三萜的含量测定及品质评价[J]. 时珍国医国药，2012，23(02)：305-306.

74. 于章龙，段欣，武晓娟，等. 红小豆功能特性及产品开发研究现状[J]. 食品工业科技，2011，32(01)：360-363.

75. 屈小会. 阿胶的临床应用功效总结[C]. 中华中医药学会. 第十一次全国中医妇科学术大会论文集. 2011：375-376.

76. 高景会，王蕊，范锋. 阿胶现代研究进展[J]. 中国药事，2011，25(4)：396-401.

77. 王会，金平，梁新合，等. 鸡内金化学成分和药理作用研究[J]. 吉林中医药，2018，38(09)：1071-1073.

78. 王宝庆，郭宇莲，练有扬，等. 鸡内金化学成分及药理作用研究进展[J]. 安徽农业科学，2017，45(33)：137-139.

79. 钟赣生. 中药学[M]. 北京：中国中医药出版社，2016.

80. 关秀锋，王锐，李晓龙，等. 金银花的化学成分与药理作用研究新进展[J]. 化学工程师，2020，34(4)：59-62.

81. 范敏，宋良科，汤昊. 青果的研究进展青果的研究进展[J]. 安徽农业科学，2010，38(34)：19358-19360.

82. 林小栩，陈必鸿，张举富，等. 中药鱼腥草药理作用及临床应用的研究[J]. 饮食保健，2018，5(37)：92.

83. 王姝，梁翠茵. 生姜药理作用的研究进展[J]. 卫生职业教育，2014，32(22)：148-150.

84. 孙凤娇，李振麟，钱士辉，等. 干姜化学成分和药理作用研究进展[J]. 中国野生植物资源，2015，34(03)：34-37.

85. 王文彤，张娜，郑夺. 中药枳椇子药理作用研究[J]. 天津药学，2011，23(01)：51-53.

86. 付文昊，于梅. 枸杞子的研究进展[J]. 世界最新医学信息文摘，2017，17(98)：104.

87. 史永平，孔浩天，李昊楠，等. 栀子的化学成分、药理作用研究进展及质量标志物预测分析[J]. 中草药，2019，50(02)：281-289.

88. 姜春兰，蔡锦源，梁莹，等. 砂仁的有效成分及其药理作用的研究进展[J]. 轻工科技，2020，36(07)：43-45，47.

89. 李娜，高昂，巩江，等. 胖大海药学研究概况[J]. 安徽农业科学，2011，39(16)：9609-9610.

90. 梁志培．茯苓化学成分、药理作用及临床应用研究进展[J]．中国城乡企业卫生，2018，33(08)：51-53.

91. 高学敏．中药学[M]．北京：中国中医药出版社，2012.

92. 张梦静，王万里，王鹏．香薷古今应用的对比研究[J]．山东中医药杂志，2020，39(06)：617-620，631.

93. 姚奕，许浚，黄广欣，等．香薷的研究进展及其质量标志物预测分析[J]．中草药，2020，51(10)：2661-2670.

94. 龚慕辛．香薷的药理研究概况[J]．北京中医，1997(06)：46-48.

95. 辛静．桃仁药理作用机临床应用研究新进展[J]．健康之路，2016，15(01)：20.

96. 彭宝莹，唐娇，王进博，等．桑叶安全性及保健功能评价研究进展[J/OL]．中国现代中药，1-12[2020-08-30].

97. 罗艳辉，宋泽和，贺喜，等．桑叶的营养价值及其在畜牧生产中的应用[J]．湖南饲料，2020(04)：32-35.

98. 高颖，冯树，陈魁敏，等．橘红片药理作用实验研究[J]．沈阳医学院学报，1997(01)：20-22.

99. 程晓华，马新换．桔梗科中药特性及化学成分和药理活性的研究进展[J]．临床合理用药杂志，2020，13(06)：175-177.

100. 冯淑香，刘耀明，董俊兴．中药益智仁化学成分与药理研究进展[J]．现代中药研究与实践，2003(05)：58-61.

101. 张俊清，王勇，陈峰，等. 益智的化学成分与药理作用研究进展[J]. 天然产物研究与开发，2013，25(02)：280-287.

102. 李敏，赵振华，玄静，等. 荷叶化学成分及其药理作用研究进展[J]. 辽宁中医药大学学报，2020，22(01)：135-138.

103. 赵振华，李媛，季冬青，等. 莱菔子的化学成分与药理作用研究进展[J]食品与药品，2017，03：147-151.

104. 罗燚，刘丹. 高良姜素对不同肿瘤细胞抑制作用[J]. 吉林中医药，2020，40(07)：948-950.

105. 张超文，谢梦洲，王亚敏，等. 药食同源莲子的应用研究进展[J]. 农产品加工，2019(03)：80-82.

106. 陈烨. 淡竹叶化学成分与药理作用研究进展[J]. 亚太传统医药，2014，10 (13)：50-52.

107. 姚萍. 菊苣在制备治疗乙型病毒性肝炎的药物中的应用[P]. 中国专利：CN201511007900. X，2017. 07. 07.

108. 侯玉洁，严寒，周瑶敏，等. 菊苣及其提取物的生理学功能及其在养猪生产中的应用[J]. 广东饲料，2015，24(03)：30-33.

109. 尹建华，杨维雄，常晓勇. 黄精研究进展及发展建议[J]. 种子科技，2020，38(07)：6-9.

110. 郭雪红. 中药紫苏药理及临床研究新进展[J]. 天津

药学，2016，28(02)：70-73.

111. 清．叶天士．张淼，伍悦校．本草经解[M]．北京：学苑出版社，2011.

112. 钟赣生．中药学[M]．北京：中国中医药出版社，2016.

113. 明．缪希雍．神农本草经疏[M]．北京：中医古籍出版社，2017.

114. 明．倪朱谟．本草汇言[M]．北京：中医古籍出版社，2005.

115. 清．黄元御．长沙药解[M]．北京：中国医药科技出版社，2016.

116. 明．李中梓．雷公炮制药性解[M]．北京：人民军医出版社，2013.

117. 王花俊，齐海英，张峻松．黑胡椒精油挥发性成分分析[J]．中国调味品，2017，42(12)：138-140，146.

118. 邹兰，胡月英，陈文学．黑胡椒石油醚相提取物对大肠杆菌和金黄色葡萄球菌的抑菌机制研究[J]．食品科技，2018，43(06)：245-249.

119. 李秋红，栾仲秋，王继坤．中药槐米的化学成分、炮制研究及药理作用研究进展[J]．中医药学报，2017，45(3)：112-116.

120. 孙淑玲．中药芦根的药理作用及临床应用[J]．中西医结合心血管病杂志，2016 (12)：165.

121. 朱晓晓. 蕲蛇药理研究及临床应用进展[J]. 浙江中西医结合杂志，2018，28(1)：72-74.

122. 刘强. 蕲蛇酶注射液临床应用进展[J]. 中国医学创新，2010，7(10)：185-186.

123. 刘滨，刘维. 蕲蛇治疗类风湿关节炎的临床研究[J]. 天津中医药，2016，33(8)：470-471.

124. 段凌燕，陈思思. 基于“补五脏之阴”刍议覆盆子在妇科杂病中的应用[J]. 实用中医内科杂志，2020，34(05)：24-27.